LE

DOMAINE RURAL

AUTOUR DE ROME

LE

DOMAINE RURAL

AUTOUR DE ROME

ASPECTS, CULTURES, PRODUCTIONS,
SALUBRITÉ.

PAR

DONATIEN THIBAUT

PARIS
CHEZ JUST ROUVIER, ÉDITEUR,
RUE DE BEAUNE, 31.

1861

Paris. — Typ. H. CARION, rue Bonaparte, 64.

LE DOMAINE RURAL AUTOUR DE ROME

Aspects, cultures, productions, salubrité.

PRÉFACE

De tous ceux-là qui vont à Rome, les paysagistes seuls, presque exclusivement, se préoccupent plus ou moins de la campagne, toutefois encore, en restreignant leurs investigations à quelques sites variés, à des aspects particuliers à leurs études de prédilection. Ces lieux incomparables résument au plus haut point ce qui fait la *fabrique*, pour parler leur langue, c'est-à-dire un relief dans l'espace, un bâtiment grand ou petit, ruiné ou non, pont, ville, ou agglomération de maisons pouvant servir d'ornement au fond d'un tableau d'histoire ou de paysage et qui ne soit ni banal ni vulgaire à l'œil ; tout cela encadré dans les grandes lignes d'un vaste et lumineux horizon.

Les peintres vont tous à la vallée du Poussin, à l'Aquacetose, à Longuette, à Ponte Nomentane, aux aqueducs, à la fontaine Égérie, au lac de Némi, à l'Arricia, à Castel-Fusano, etc., tant de fois reproduits par tant de pinceaux divers ; mais, ce dont ils s'abstiennent scrupuleusement, c'est de peindre les sites cultivés ; ce n'est pas là ce qu'ils recherchent vers l'Italie méridionale surtout, mais seulement ce qui nous manque dans nos plaines welches, l'étrange, le sévère, la désolation à côté de quelque perspective riante ou gracieuse et les contrastes qui s'ensuivent.

De cette circonstance que les peintres ne vulgarisent que les physionomies les plus accentuées des campagnes romaines, il résulte que l'on n'en conçoit plus rien qui diffère de leurs tableaux. Et si ce n'étaient quelques toiles de Léopold Robert pour y constater une agriculture rudimentaire, bon nombre de voyageurs reviendraient des bords du Tibre persuadés, *de visu*, que les populations y vivent toujours des blés étrangers, comme sous les Césars, et que les déserts qui avoisinent Rome ne servent absolument qu'à inspirer des Salvator Rosa, à enfiévrer les gens et à nourrir quelques troupeaux.

Quant à ces Romains qui font leurs folles délices du Corso, qui semblent désormais n'avoir plus d'autre mission terrestre que celle de faire 365 fois par an, fatidiquement tous les soirs, l'aller et retour de la porte du Peuple au palais de Venise, en carrosse, à cheval ou à pied, ne leur demandez pas ce qu'ils savent des alentours de leur ville natale; s'ils ont quelque vague notion qu'il y pousse du blé, du lupin, du maïs et des fourrages en abondance, qu'il s'y élève du bétail, c'est qu'ils l'ont entendu dire, et ils ne tiennent pas énormément à s'en convaincre.

Le domaine rural, pour les gandins de Rome à tous les degrés, c'est affaire de cinq ou six grands seigneurs, de corporations, de couvents et d'hôpitaux, pour la révolution, un appât!

La jeunesse dorée, titrée indigène se repose sur

une domesticité d'une fainéantise exclusivement prolifique du soin de gérer ses vastes immeubles territoriaux ; c'est là tout son génie.

Celle qui n'est que de ruolz, l'infime bourgeoisie, à son tour, contrefait stoïquement, tant qu'elle peut, les couches sociales supérieures qu'elle envie ; à cela elle grignote son patrimoine d'abord, et quand il n'en reste plus rien, c'est alors qu'elle se rabat sur les emplois où elle refait sa petite pelote en douceur. Leurs enfants feront un jour de même; ce manége-là dure depuis dix-huit cents ans, dit-on.

Bien que la situation agricole de l'État romain n'ait pas varié depuis cinquante ans, l'idée que l'on se fait généralement de la production du domaine rural dans les États de l'Église est toujours aussi éloignée de la vérité qu'il y a un demi-siècle. Si nous progressons dans tous les sens, certes ce n'est pas dans celui de la saine appréciation des choses de l'étranger, que nous n'apercevons jamais qu'en courant et des préoccupations par trop gauloises toujours en tête.

On commence par préjuger du rendement des terres basses de l'État pontifical par la peinture, on finit par se confirmer dans des appréciations erronées en parcourant les grandes routes, de Rome à Civita-Vecchia, à Viterbe, à Tivoli, à Terracine. De chaque côté immédiatement des quatre grandes voies de communication qui convergent sur la ville papale, ce n'est que des champs à dégoûter des solennités lointaines de la nature locale, et sans que l'on puisse soupçonner dans leurs intervalles le recel d'une foule d'oasis infiniment variées d'aspect et de produits ; et puis, c'est l'hiver que les gens de loisir viennent à Rome; or, c'est en mai qu'il faudrait voir la campagne pour l'apprécier. Dans la saison froide, les régions boisées, là où l'essence des arbres verts domine seule, sont toujours belles. En été la plaine a des tons plus chauds encore, mais, en même temps elle n'est hospitalière qu'à ceux qui ne s'arrêtent pas trop longtemps à l'admirer. Tout alors n'est beau que pour ceux qui passent, *transeuntibus*, comme le disait un moine des pentes albaines à un extatique de l'un de ces merveilleux points de vue qui nous ravissent, mais sur lesquels l'usage ou l'abus blase les oblats comme les autres hommes, à ce qu'il paraît.

Autant il est concevable qu'Horace ait chanté les

douceurs de la vie champêtre sous les ombrages de la villa de Mécène à Tivoli où l'air est pur, autant il l'est peu que Virgile ait composé ses idylles où l'imagination se les représente, vers le Latium déjà martyrisé de son temps par la malaria.

Toujours est-il que le territoire latin ne ressemble en rien aux images que s'en font la plupart de ceux qui ne l'ont pas exploré, et si j'ai cru devoir prendre note de ce qui m'a le plus frappé par là, c'est qu'en visitant le pays, j'y ai trouvé tout autre chose que ce qui m'avait été annoncé par les livres les plus répandus. Je ne lus celui de M. de Tournon qu'au retour; celui-là fut rédigé sur des documents qui dataient de 1814, et publié vers 1829. Néanmoins, en 1853, l'*Agro Romano* des études statistiques sur Rome de l'ancien préfet du Tibre semblait encore fait de la veille ; ce qui va suivre en témoignerait au besoin.

Provisoirement, je me bornerai au récit pur et simple de nos excursions dans le bas pays ; plus tard j'aurai occasion de compléter mon titre en parlant aussi des hautes vallées, c'est-à-dire des splendides paysages de la Sabine, de Tivoli à Subiaco, des rives du Tévérone, des territoires de Palestrina, Olevano,

Civitella, en descendant jusqu'à Velletri, au milieu des plus verdoyantes campagnes qu'il se puisse concevoir, bien qu'elles confinent au sol maudit des marais Pontins.

NOTIONS PRÉLIMINAIRES

Dans les temps anciens la mer mouillait le pied des rochers de Sonino et de Sezza et couvrait les pentes Arthémisiennes; les sondages de MM. de Prony et Scaccia ont révélé, à 7 ou 8 mètres de profondeur, l'existence d'un banc de coquillages et de débris marins sous des couches d'argile et de tourbe. Le mont Circée était alors séparé de la péninsule Italique par les eaux.

Des dunes s'amoncelèrent du cap Astura au cap Circée et de là à Terracine. Sur ces divers points, la mer se retira insensiblement devant les atterrissements; des lagunes s'ensuivirent, puis, enfin, les marais Pontins qu'une énergique végétation recouvrit bientôt de tourbe.

Le bassin des marais Pontins existait déjà avant la guerre de Troie ; il renfermait alors une population importante, la nationalité Volsque. Moins étendu vers la mer et ses rivages plus mouillés, il était aussi d'autant moins insalubre alors que ses habitants étaient évidemment pasteurs et cultivateurs à la fois, vivant l'hiver à la plaine, l'été dans les hautes vallées de l'Anio et dans les montagnes de la Sabine et de l'Abruzze d'où viennent traditionnellement toujours les laboureurs et les moissonneurs de l'Agro-Romano. Il en fut de même du vieux Latium et des maremmes de Toscane.

Quant à ces vingt-trois villes des temps héroïques, autrefois les unes sur les autres dans ce petit coin du vieux monde ; que les hommes d'imagination n'en contestent pas la réalité, très bien, mais les gens positifs savent parfaitement qu'elles s'improvisaient aussi lestement presque qu'un campement de bergers, par conséquent, qu'elles n'avaient rien de commun avec celles de nos jours des régions policées ; c'étaient des baraques en canouches agglomérées, quelque chose comme le quartier maritime de Porto d'Anse, toujours de même aspect depuis des siècles ; telle fut Albe, détruite en quelques heures.

Au temps où tout le littoral Italique, depuis Terracine jusqu'aux bouches de l'Arno, cessait à peine d'être une plage maritime, l'humidité était plus égale dans le pays et les sécheresses étaient moins âpres. Les émanations torrides du sol volcanique de Rome se tempéraient dans des brises toujours chargées d'eau qui passaient sur des champs frais et boisés, la tramontane frappait avec moins d'intensité les corps dans un milieu moins sec et, par conséquent, sans produire les pernicieux effets qu'elle détermine si souvent depuis le dérangement d'un équilibre hygrométrique qu'on ne saurait trop s'efforcer de reproduire; c'était alors une climature péninsulaire. Actuellement, à l'humidité normale d'une chaude atmosphère ont fait place des fraîcheurs nocturnes ou intermittentes qui résultent, de l'existence de hautes montagnes au nord et à l'est, de maremmes à l'ouest et au sud de l'Agro-Romano, de quelques marécages, et qui alternent par saccades brusques, selon le vent, avec une température sèche des plus intenses. Le sol dénudé autour de Rome laisse librement s'exercer les mauvaises influences qui sévissent de toutes parts.

Pour rendre les alentours de Rome salubres, il faudrait donc les inonder entièrement, si c'était possible, ou tout au moins les planter d'arbres, refaire les marais Pontins ce qu'ils furent avant leur insalubrité, les submerger comme ils l'étaient dans les temps les plus reculés. Quant aux alluvions du littoral, ils ne sauraient jamais être inoffensifs; on ne peut que les fuir au temps de la malaria, pendant la belle saison, et pour n'y retourner qu'au retour des pluies.

S'il est admis qu'avant la fondation de Rome le pays, malsain maintenant qui l'environne, avait une population stable dans ses parties les plus périlleuses à habiter désormais, ce n'est pas une raison de soutenir que ce qui fut habitable autrefois le soit encore aujourd'hui.

Sous Servius Tullius Rome aurait eu 80,000 citoyens, ce qui faisait environ 320,000 habitants, soit dans la ville, soit dans ses dépendances, c'est-à-dire du pied de la Sabine à la mer, et, dans ces temps-là, les tribus rustiques fournissaient de meilleurs soldats que la ville; ce qui donne à penser que les gens de la campagne étaient vigoureux, enfin que la plaine était saine, habitée, par conséquent autrement cultivée qu'aujourd'hui.

Vint le temps où, la population locale étant détruite, les Romains libres étant toujours occupés au loin par la guerre, une population esclave eut à cultiver les terres des patriciens réunies en masses énormes; des parcs, des pâturages remplacèrent la culture parcellaire, celle-ci primitivement au maximum d'étendue de 1 hectare 71 ares sous Cincinnatus. Le laborieux ensemencement en blé des terres était alors abandonné pour faire place aux prairies, aux pâturages; les eaux, suppose-t-on, s'écoulèrent moins facilement, en conséquence et dès lors on signale déjà des localités pernicieuses à habiter. Strabon, Martial, Cicéron, Horace en font mention. Des lieux devenus malsains, Ardea, Sétia, Terracine, Circée sont désignés par eux comme des localités insalubres. Les Romains alors étaient toujours l'été en expédition, dit Bonstetten; la fièvre qu'ils fuyaient devait suffire à défendre leur ville.

Caton, un des premiers, se plaignait que les prairies fussent six fois plus considérables que les terres à blé, exactement comme aujourd'hui, et Varon disait de la population fainéante de Rome :

Maluisset manus in theatro movere, quam in aratro.
Qu'elle aimait mieux battre des mains au théâtre que de les mouvoir à la charrue.

La campagne de Rome et le littoral étaient alors couverts de villas. Rome, ensuite, ayant été dévastée par les barbares, ses alentours restèrent déserts. La culture soignée et la population ne luttant plus contre la raison des fièvres, celles-ci s'emparèrent entièrement du pays.

La contrée de Centum Cellæ (Civita-Vecchia) où était située la maison de campagne de Trajan, d'après Pline, était alors couverte de magnifiques cultures (*viridissimis agris*) ; de nos jours, au printemps, elle est toujours splendide de verdure.

Quelques statisticiens modernes ont estimé à un million d'âmes la population comprise entre Tivoli et la mer (Agro-Romano), du nord au sud, et de l'est à l'ouest, de Terracine à Bolséna, trois siècles après la fondation de Rome et même avant : et cette population trouvait à se nourrir par une culture bien entendue. Alors l'exploitation du sol était interdite aux esclaves relégués à la ville. Enfin, quand le nombre de ceux-ci devint plus considérable que celui des citoyens, quand de 1,380 francs (5 ou 6,000 sesterces) par tête ils tombèrent à la valeur d'une mesure de blé, quand des territoires entiers de villes naguère florissantes furent sans laboureurs, quelques individus riches en devinrent possesseurs et en tirent des pâturages, des parcs, des viviers. Selon Cicéron, de son temps, il n'y avait pas 2,000 citoyens qui fussent pourvus d'une fortune foncière indépendante, exactement comme aujourd'hui encore (1861), dans tout l'Agro-Romano.

L'an 529 de la fondation de Rome, le territoire romain comptait 750,000 citoyens mâles de 17 à 60 ans ; en 708, 450,000 seulement ; c'était après les guerres d'Octave.

M. de Tournon n'évalue pas à plus de 500,000 les habitants de Rome dans sa plus grande splendeur, sous Aurélien à 400,000 en tout dans l'enceinte des vieilles et des nouvelles murailles.

En 1377 de l'ère chrétienne, époque de la translation du Saint-Siége, la population de Rome était tombée à 17,000 habitants, suivant l'abbé Cancellieri.

En 1796, Rome avait 165,000 habitants, en 1809, 135,000, en 1829, 144,541. Maintenant la population s'élève à 165,000 âmes environ (1861). Dans l'Agro-Romano, c'est-à-dire sur une surface de 205,000 hectares de terre qui remplissent l'espace compris entre Palo, Baccano, Monticelli, le pied du Monte Cave, Porto d'Anse et la mer, Rome exceptée, bien entendu, c'est tout au plus s'il se rencontre 3,000 individus en résidence fixe, et cependant ce vaste désert n'est pas stérile, comme on pourrait le penser au premier aspect, comme tant de touristes le répètent à l'envi l'un de l'autre; il ne donne pas tout ce qu'il pourrait produire, tant s'en faut; mais, dans l'état actuel des choses, il fournit aux conditions les plus rationnelles tout ce qu'il est capable de produire sans trop d'efforts et de misères.

L'Agro-Romano se compose de terrains cultivables, de prairies permanentes, de bois, de broussailles, de vignes, de champs d'oliviers, de plages, de marais, d'étangs, de terrains vagues. D'immenses surfaces sont sans habitations; il existe çà et là quelques ruines, de vieilles tours qui servaient autrefois à signaler les descentes des Sarrasins sur les terres de l'Église et de refuge à ceux qui avaient à redouter d'être enlevés par les pirates, des débris de temples, d'immenses aqueducs, quelques fiévreuses osterias, très peu de bâtiments de ferme, des grottes qui servent à abriter des gitanos et du bétail. Il s'y rencontre des terres cultivées, en petite quantité il est vrai, mais dont l'existence ne se conçoit pas de prime abord aussi loin de toute trace de grand centre bâti d'exploitation rurale. Hors le temps des travaux, ces quelques champs de blé, que l'œil aperçoit de temps à autre dans l'immense étendue des plaines sans fin, frappent d'étonnement. Où sont donc ceux qui sèment et récoltent dans ces solennelles et muettes solitudes?

Ces quelques misérables demeures, accrochées parfois aux flancs décharnés de quelque monticule pierreux, n'abritent exclusivement que des fiévreux plus souvent encore réfugiés l'été dans les montagnes ou aux hôpitaux de Rome. L'hiver et le printemps sont sans danger dans la campagne, l'été et le commencement de l'automne impitoyables. Et, s'il est quelques points voisins des centres principaux de la malaria qui ne soient point insalubres, ce n'est qu'à une certaine élévation au-dessus du niveau de la plaine.

A partir du plan le plus inférieur :

1° L'aria pessima (le mauvais air);
2° L'aria cattiva (l'air chaud);
3° L'aria sospetta (l'air suspect);
4° L'aria sufficiente (l'air passable);
5° L'aria buona (l'air bon);
6° L'aria fina ou ottima (l'air parfait) dans les points les plus élevés.

Vers 150 mètres au-dessus du niveau de la plaine, la zone salubre. Le Monte-Mario, à 140 mètres au-dessus du Tibre, est habitable toute l'année.

Tivoli est à 190 mètres (aria ottima); Sezza, Norma, Sermonetta à 300 mètres au-dessus des marais Pontins, mais sous le vent chaud et humide du sud-ouest, et exposées aux vents coulis des montagnes qui les surplombent au nord, subissent jusqu'à un certain point, les effets de la malaria. Piperno, plus bas que Sezza, est plus salubre, séparé qu'il est des plaines et des marécages par un coteau; et, des deux colonies agricoles installées autrefois sur des pentes vers Civitta-Vecchia et Viterbe, l'une, celle de Monte-Romano, sur les terrains du Saint-Esprit, composée de 700 habitants qui y passent l'année, est salubre et florissante; l'autre, celle fondée par la famille Mattei, a été dispersée par l'insalubrité.

L'établissement de Monte-Romano, à son origine, se composait d'enfants trouvés.

Les bois protégent efficacement les lieux habités contre les causes du développement des fièvres; le défrichement irréfléchi des forêts de sapins des bords de la mer a toujours été sévèrement expié; et quand il s'est agi, sous l'administration française, de couper le bouquet de bois qui défend Albano des vents de la plaine, les réclamations si justement motivées de toute la population vinrent y mettre obstacle. Mais si, dans l'occurrence, le bon sens et la tradition ont bien inspiré les Albanais (Albains), ceux-là qui, en 1814, dans leurs stupides représailles contre l'occupation française, n'ont rien trouvé de mieux à faire que d'abattre les arbres qui ombrageaient déjà quelques-unes des routes poudreuses de l'Agro-Romano, pâtissent aujourd'hui encore des déplorables résultats de leur sotte rancune.

La campagne de Rome pouvait être assainie par

de belles plantations qui tamisassent les alternatives d'humidité et de sécheresse de l'air, et garantissent des pernicieux effets d'une insolation ardente; la réaction politique, aveugle contre l'esprit français d'innovation n'a pas permis qu'il en fût ainsi, et la campagne de Rome a gardé son insalubrité, sa poésie, sa nudité, sa transparence et sa désolation.

La première question que suggère la vue des déserts de Rome est invariablement la même. Comment se fait-il qu'un si beau ciel soit insalubre, que de si vastes plaines, si bien ventilées, soient infectes? Quels seraient enfin les moyens de rendre un sol aussi riche plus profitable et sans danger pour ceux qui voudraient le cultiver? Et la raison se heurte à des difficultés qui n'en seraient certainement pas ailleurs, car ce pays n'a pas toujours été ce qu'il est, inhabité et inhabitable quatre mois l'an.

En attendant, la culture, telle qu'elle est pratiquée dans la campagne de Rome, n'est nullement à rebours des règles d'une bonne administration publique ou privée; elle donne tout ce qu'elle peut fournir avec les moyens dont elle dispose, et au milieu des difficultés qui l'environnent. A cet égard, les uns trouvent les pratiques agricoles du pays parfaitement adaptées aux nécessités et aux exigences des lieux, ceux-là approuvent tout: mais il en est d'autres qui ont tout critiqué, tout blâmé, tout décrié. De l'avis des gens les moins prévenus, dans l'état actuel des choses, les premiers paraissent le plus près de la vérité.

La question qui domine toutes les autres dans l'exploitation des divers points de la campagne de Rome, c'est celle de la salubrité locale. Tel mode de culture, rationnel dans la région des coteaux sains, cesse de l'être dans celle des coteaux suspects, à plus forte raison encore dans celle des coteaux malsains.

Si l'on ne considère que l'état du sol dans la campagne de Rome pour juger du mode de culture à y importer, on sera toujours exposé à de rudes mécomptes. Il est impossible de rien déterminer sur cette seule considération, que le sol y est excessivement riche, sans avoir égard aux circonstances particulières du travail agricole.

Ainsi, une terre étant propre à recevoir du grain, blé, orge, avoine, fèves ou betteraves, ce n'est pas tout que de pouvoir en faire la semaille à point dans les conditions ordinaires; il faut encore prévoir les moyens de faire faire plus tard toutes les façons, inutiles ailleurs, indispensables ici, de nature à assurer la quantité et la qualité de la récolte ; or les bras manquent tout à fait dans la campagne de Rome, et l'agriculture ne procède que par des bras étrangers au sol comme partout où la population résidente est nulle ou insuffisante et d'ailleurs incapable de tout effort.

Les ouvriers agricoles, dans le pays malsain qui enveloppe Rome, descendent régulièrement à de certaines époques et pour un temps seulement à la plaine, sans qu'il vienne jamais à la pensée d'aucun d'eux d'y résider d'une manière permanente. A peine l'œuvre achevée, muni d'un pécule péniblement gagné, on retourne aux montagnes. Ces ouvriers savent fort bien les dangers qu'ils courent aux travaux d'été de l'Agro-Romano ; c'est à grands frais qu'on va les chercher là où la population surabonde, jusque dans les Abruzzes, pour la minime portion de blé qu'il s'agit de récolter à la hâte ; que serait-ce donc s'il en fallait quatre fois davantage ! Ce n'est pas tout que de pouvoir labourer et ensemencer ; mais ce qu'il faut toujours envisager, c'est le manque de bras disponibles au temps des moissons, celui où commence la grande insalubrité des plaines; qu'il y ait plus de blé à couper à la plaine, le nombre des moissonneurs serait très probablement insuffisant, quoi qu'on fît. Ce qui règle la quantité de blé d'ensemencement dans le pays insalubre, c'est le rapport constant et régulier entre le cours des céréales et les frais de main-d'œuvre; et toutes les fois qu'un maître de culture, par circonstance, se trouve privé du concours des moissonneurs de la montagne sur lesquels il a l'habitude de compter, de deux choses l'une alors : ou il est obligé de subir des conditions de moissonnage fort dures en pareil cas, ou il est contraint de laisser ses récoltes sur pied, et, d'une façon comme de l'autre, il ne réalise qu'à perte.

Les modes de culture de la plaine de Rome doivent donc être subordonnés à l'état sanitaire du pays. Dans les coteaux sains, la culture est laborieuse, variée et intelligente ; c'est qu'ils sont pourvus d'une population sédentaire. Mais quand le mauvais air exile l'homme pendant plusieurs mois de ses propriétés, il faut bien subir l'alternement inégal des céréales et des pâturages; de là la nécessité du grand établissement pastoral d'Archinazzo, près du village de Filetino, la retraite des troupeaux dans les chaleurs à l'origine du Téverone, entre Alatri et Subiaco, à l'ombre de belles forêts que le défaut de routes rend inexploitables dans ces pauvres vallées d'où viennent la plupart des moissonneurs traditionnellement voués aux travaux de la campagne de Rome.

L'insalubrité de la plaine serait considérablement atténuée si l'on y daignait tenir compte des enseignements qu'elle prodigue. La climature d'été de l'Agro-Romano n'est qu'une perpétuelle embûche pour ceux qui se heurtent à de certaines nécessités hygiéniques; elle n'est nullement inexorable pour ceux qui s'entourent de confortable et de bien-être. Il est rare que les gens riches éprouvent l'influence du mauvais air; la maladie règne tous les ans à peu près constamment la même, mais plus ou moins intense, suivant de certaines conditions météorologiques toujours facilement appréciables et bien appréciées; ses rigueurs se multiplient comme les alternatives températurales se répètent. En résumé, elle n'est peut-être pas plus funeste à l'humanité que les frimas du Nord subis dans des conditions d'une certaine intensité de misère et d'imprévoyance.

Qu'un groupe de sujets soit condamné à passer quelques semaines mal abrité au milieu des steppes, alors qu'ils sont couverts de neige, de nos climats du Nord, ou le même laps de temps dans les champs incinérés des alentours de Rome, en juillet par exemple; combien en restera-t-il, à la fin, d'hommes valides, dans l'un comme dans l'autre cas, parmi ceux qui auront éprouvé l'une ou l'autre influence mortifère? Une basse température ne constitue-t elle pas, aux yeux des populations de l'ancien Latium, une plus grande cause de misère encore que cette malaria d'été si funeste cependant aux travailleurs ruraux? Ainsi, quand il tombe de la neige à la plaine, les rares ouvriers de la campagne se réfugient à la ville, où il est d'usage que le gouvernement leur distribue des vivres, comme dans une calamité imprévue. (*De Tournon.*)

Tout l'hiver, la végétation est comprimée dans l'Agro-Romano; mars et avril sont le temps de l'avénement des fleurs et des feuilles; c'est l'équivalent du mois de mai pour la France des bords de la Loire. Le mois de mai est déjà chaud; dans les derniers jours, les foins et les blés sont mûrs.

De juin à septembre la sécheresse est habituelle: quelques orages, du sirocco parfois, et pendant toute sa durée les gens du pays perdent toute vigueur, *les étrangers seuls restant capables de quelques efforts.*

Qu'au milieu des chaleurs vienne à souffler momentanément le vent du nord refroidi par quelque neige oubliée dans l'Apennin, la fraîcheur subite qui en résulte transforme en rosée l'humidité de l'air, et des fièvres pernicieuses s'ensuivent. En vue de la salubrité du pays, ce sont ces deux alternatives de chaleur sèche et d'humidité qu'il faudrait pouvoir régler ou contenir; la multiplication des essences forestières serait un moyen d'y arriver; on parerait ainsi aux inconvénients de contrastes tranchés d'alternations hygrométriques funestes.

Les moissons commencent dans la première quinzaine de juin; au 10 juillet le battage du blé est terminé. Toutes ces sortes de travaux se font avec une fiévreuse activité, tant on redoute le séjour à la plaine. Pour ne pas perdre de temps, tout le monde couche à la plaine sur le champ de bataille, et com-

2

bien en est-il qu'un bon abri aurait conservés sains, qui meurent dans un sillon inondés de leurs sueurs. Des confréries recueillent les mourants et ensevelissent les morts. Aux hôpitaux de Rome, de Velletri, etc., le nombre des malades triple.

A la fin de juin, les fermes sont abandonnées à quelques gardiens seulement.

Après le 1er juillet, la nature paraît morte à la plaine, les pâturages sont déserts, desséchés, les arbres brûlés, le sol est pulvérulent; des tourbillons de poussière indiquent seuls quelque mouvement dans l'air; pas d'oiseau nulle part, et le ciel est pur, azuré. Les montagnes seules sont habitables. Les grandes chaleurs oscillent de 22° à 26° ; elles montent rarement à 30°. Il grêle parfois.

En septembre, la température décline manifestement. La fraîcheur des nuits, qui ne s'était produite qu'accidentellement pendant tout l'été, reparaît, et alors ses effets, après l'extrême chaleur du jour, deviennent redoutables.

En octobre, la sécurité renaît, c'est le bon mois des Romains. Des pluies abondantes, la végétation qui recommence, les bestiaux qui descendent des montagnes, les fermes qui se repeuplent, les vendangeurs, les danses, le son des instruments, les riches allant à leurs villas, donnent une physionomie d'animation et de vie à ces vastes plaines grisâtres et silencieuses peu de jours auparavant. Parfois la trop longue durée des pluies ou même les précoces gelées nuisent aux vendanges et à la culture des terres.

En novembre viennent les grandes averses. Il tombe annuellement à Rome une fois plus d'eau qu'à Paris, et le tout en trois mois environ.

De janvier à juin, le séjour de l'Agro-Romano est salubre.

Ainsi donc, de juin à septembre inclusivement, dans l'espace compris dans les bassins des lacs de Bolsena, du Tibre et des marais Pontins, dans certaines vallées de la Sabine, sur quelques points de la vallée du Sacco, et dans les maremmes de Toscane, il règne des fièvres à tous les degrés. Nulle part d'habitation isolée qui ne soit déserte l'été ou fiévreuse. Les parties les plus basses de la plaine sont partout les plus insalubres.

L'inculture de la campagne de Rome ne saurait donc être imputable qu'à l'insalubrité qui en chasse les travailleurs actifs; l'état de culture besogneuse et tourmentée de toutes les parties cultivables des montagnes, où la population pullule, le démontre assez; là, la culture est variée comme les aptitudes du sol, et celui-ci est morcelé à l'infini.

Quant à ceux qui font remonter à une mauvaise administration seule l'origine d'un tel état de choses, on ne saurait se ranger de leur avis sans inconséquence; la Toscane, si bien administrée, si bien cultivée, si riche et si florissante au moins hier encore sous ses grands-ducs, n'a-t-elle pas aussi ses maremmes de Grosetto et de Volterra, que l'on ne va pas voir, et qui présentent le même aspect que les plaines romaines, plus en vue, et que traversent en tous sens les grandes voies qui convergent sur Rome.

Il faut donc quelque chose de plus que de l'incurie et de la paresse pour expliquer l'Agro-Romano, et ce quelque chose, c'est l'insalubrité de la plaine.

Étant donc admise la raison de l'inculture actuelle, comme on l'entend en France, de la campagne de Rome, comment concevoir que cette même contrée, aujourd'hui déserte, ait été autrefois couverte de villes et de cultures variées, si ce n'est en acceptant que la malaria n'a pas eu originairement son intensité d'aujourd'hui ! Et ce qui accrédite l'hypothèse que l'insalubrité s'est manifestée après la fondation de Rome, c'est la reproduction, depuis un certain temps, de diverses particularités locales de nature à exagérer les mauvaises conditions de la salubrité actuelle du pays : c'est le retrait de la mer, la formation incessante d'un sol d'alluvion nouveau, l'extension des plages marécageuses dans les parties basses de la plaine, à l'embouchure du Tibre et de tous les autres cours d'eau ; c'est encore la destruction des anciennes forêts qui couvraient les mamelons de la campagne aujourd'hui en partie dénudés, et la mutilation des bois des bords de la mer.

Autrefois le Tibre n'avait qu'une embouchure, il en a maintenant deux.

Les salines successivement établies à la côte s'en trouvent tous les jours de plus en plus éloignées par les atterrissements, comme les tours bâties à diverses époques sur le littoral. Près de Fumicine, la rive actuelle est à 2,200 mètres du port de Trajan ; la tour bâtie par Alexandre VII, il y a deux siècles, en est à 554 mètres. Une autre tour, construite vers 1825 sur le rivage, en était déjà distante de 150 mètres en 1853.

Ce n'est pas là seulement que se révèle la preuve du retrait de la mer de la côte Italique. A 25 lieues au sud-est de Rome, la mer, sur une partie du petit golfe de Baïes, a évidemment subi des changements de niveau très marqués. Ainsi que le fait observer Zimmermann (le *Monde avant la création de l'homme*), trois colonnes de marbre de 40 pieds de hauteur restées debout, nonobstant les tremblements de terre, sont parfaitement intactes jusqu'à la hauteur de 12 pieds, tandis que plus haut, sur un espace de 9 pieds, elles sont endommagées et percées de trous profonds, œuvre d'un mollusque de la Méditerranée, le saxifage ou lithophage. Le restant de la hauteur présente les traces de l'action atmosphérique, c'est-à-dire de l'humidité, de la sécheresse du soleil, etc., mais n'a éprouvé aucune autre modification. Gisant sur le sol, on voit d'autres fragments de colonne percés de trous, non-seulement à la circonférence, mais aussi aux surfaces de la cassure.

Le pont de Caligula près de Pouzzoles, et les colonnes du temple de Sérapis, à divers niveaux, portent aussi les mêmes marques. En face de l'île de Nisida, on voit, à 32 pieds d'altitude, des trous percés par ces mêmes lithophages.

Les colonnes du temple des Nymphes et de Neptune, entièrement submergées, accuseraient non moins indubitablement un phénomène inverse, car on n'a pas dû les construire sous l'eau, mais sur le rivage. Aujourd'hui on les voit jusqu'à une profondeur de 5 pieds dans une onde d'une parfaite limpidité.

Des voies romaines sont entièrement submergées entre Pouzzoles et le lac Lucrin, au voisinage du château de Baïes et à la côte de Sorrente ; un des palais de Tibère, à Capri, est enseveli dans la mer, et, entre Porto d'Anse et Astura, de vastes constructions sont maintenant recouvertes par les flots. Le soulèvement et l'abaissement alternatifs du sol, selon Zimmermann, peuvent seuls expliquer ces apparences de variation dans le niveau des eaux.

Tous ces terrains de nouvelle formation de la côte Italique sont d'une excessive fertilité; mais le moyen de les rendre productifs en céréales sans y sacrifier plus qu'ils ne sauraient rendre en explique le délaissement pendant plusieurs mois de l'année, et oblige à ne leur demander que ce qu'ils peuvent rendre sans trop de risques. Le sol qui environne Ostie et Ardée est excessivement riche, et cependant c'est à peine s'il produit autre chose que du bois, des pâturages spontanés, des roseaux et du sel.

Palo produit quelques céréales, mais à des conditions funestes pour ceux qui se livrent sur ses splendides guérets aux dangereux travaux de la culture.

Une chose étrange saisit l'observateur dans l'examen des causes de l'insalubrité de l'Agro-Romano. S'il est incontestable que les marais sont toujours insalubres, il ne l'est pas moins que de certaines portions de l'Agro-Romano, parfaitement sèches et unies, sont fort insalubres aussi; les parties hautes de la plaine situées entre Tivoli, Rome et Frascati, par exemple, quoique dépourvues d'eaux stagnantes, sont à peu près aussi malsaines que les embouchures du Tibre, et moins salubres que les bords des lacs de Bolséna et de Bracciano.

La campagne de Rome, en définitive, en masse, est si peu marécageuse, qu'il est fort peu de pays sans police où il y ait si peu d'eaux stagnantes; le Tibre inonde parfois les parties basses, c'est à peine s'il provoque jamais quelques débordements ailleurs, et, à Rome même, les quartiers dei Monti, del Borgo et du Transtévère, qui passaient autrefois pour très sains, ne le sont plus aujourd'hui ; la place du Peuple aussi est excessivement insalubre, et la partie supérieure de la Strada Pia est suspecte, quand l'infect quartier des Juifs, sur les bords du Tibre, est le plus ménagé de tous.

LATIUM

I

Dans les premiers jours de mars 1853, peintres et philosophes, nous partions de Rome pour Ostie, les uns pour faire du paysage, les autres pour voir du pays, et nous installions notre quartier général dans l'unique osteria de l'ancienne cité d'Ancus Martius.

Notre chambre à coucher, de sept ou huit lits, sans cheminée et sans plafond, offrait l'aspect d'un hangar clos. La cuisine était à côté, et son foyer s'alimentait de troncs d'arbres tout entiers, que le Tibre déposait parmi ses alluvions dans les grandes eaux.

Notre hôte agonisait la fièvre, et sa femme faisait une fausse couche le jour qui suivit notre arrivée, sans que, pour cela, le service de l'établissement en pâtit le moins du monde ; ce qui bouleverse une maison ailleurs, là où l'existence est soumise à la règle d'un certain bien-être, ne change rien au cours normal des choses, là où la souffrance et des misères continues sont dans l'ordre accoutumé.

En prévision d'aventures cynégétiques ou pittoresques, pourvu d'un permis de port d'armes qui m'avait été délivré par M. Mangin, préfet de la police française attaché à l'armée d'occupation, armé d'une pique de voyage suisse et du fusil double de M. Bourcart, peintre de Mulhouse et membre du Cercle français de Rome, au lendemain de notre installation j'avais déjà reconnu les alentours de notre campement, et je m'applaudissais, pour circuler dans de tels lieux, d'avoir songé aux mauvaises rencontres que l'on peut y faire. C'est à coup sûr à cette sécurité que nous inspirait, à tort ou à raison, mon armement, que nous fûmes redevables de quelques témérités intéressantes et de mon salut propre, une fois au moins dans mes démêlés avec la gent canine du pays latin. Sans armes, nous n'eussions pas tant osé. Équipé comme je l'étais, nous devions passer partout où l'inspiration nous conduirait, et nous sommes sortis sans nulle avarie de nos parfois périlleuses explorations.

Ce ne fut qu'après avoir bien vu et revu tout l'horizon d'Ostie, que M. Pauwert de la Chapelle et moi, laissant MM. David, Michel, Cléry et Chevalier à leurs études, nous partions à travers champs, en quête de tout ce qui sollicitait notre curiosité.

Des décombres amoncelés à l'ancienne embouchure du Tibre, nous nous dirigeâmes sur Fumicine, en traversant le grand bras du fleuve interdit à la navigation. Un passeur fiévreux, affecté là comme on l'est ailleurs à tant d'autres sinécures locales, de la rive droite où il loge sous une hutte de roseaux enfumée, vint nous prendre sur l'autre rive pour nous déposer dans l'île d'Apollon au milieu des bêtes à cornes qui l'habitent presque seules.

Désormais il importe de ne pas trop s'éloigner des palissades derrière lesquelles la retraite soit possible en cas d'hostilité du gros bétail. Sur plusieurs points, c'est en nous exposant aux plus grands risques que nous nous en écartons, obligés que nous sommes d'en agir ainsi pour tourner les flaques d'eaux stagnantes qui se rencontrent sur notre route. En approchant du petit bras du fleuve, les palissades cessent ; plus d'abri contre une poursuite, plus d'autre chance de salut que celle de courir plus vite que l'ennemi ou de se jeter à l'eau. Aussi notre circon spection est-elle extrême. Tout le temps que dure notre passage dans le dernier tiers de l'île sacrée, surtout en approchant du petit Tibre, c'est toujours l'œil fixé sur l'attitude du troupeau de bœufs et de taureaux, qui paissent à quelques pas de nous et dont nous épions les moindres mouvements, que nous arrivons enfin en face de Fumicine, après deux heures et demie de marche. Nous franchissons le pont de bois qui limite le port en amont, et nous voilà devant une rangée de maisons modernes toutes bâties parallèlement au quai, sur une seule ligne, jusqu'à la plage : c'est la ville. Quelques pêcheurs, des marins et des douaniers devant les portes l'empêchent de paraître tout à fait abandonnée. Une quarantaine de bateaux de cabotage encombrent un bassin large comme le canal de l'Ourcq. La digue qui ferme le port du côté de la mer est en pleine dune.

Le Tibre, à son embouchure, est parfaitement trouble, et ses eaux d'un bleu sale ne se confondent pas avec le bleu de la Méditerranée sans passer par diverses nuances avant la fusion.

L'horizon, sur ces rivages toujours renouvelés depuis des siècles par les atterrissements, s'étend vers le nord-ouest jusqu'à Civita-Vecchia dont on distingue parfaitement les blanches constructions à une douzaine de lieues. La fertile plaine de Palo, si riche en même temps en cristaux de roche appelés diamants de la Tolfa, des salines à la côte, des tours successivement bâties sur les bords de la mer, et que des dépôts incessants de limon en éloignent chaque jour davantage, font tout l'intérêt des lieux. Tous ces bords de la mer, depuis les plages liguriennes jusqu'à Minturnes, sont évidemment de date récente. Toutes les maremmes de Toscane, aussi insalubres et de même physionomie que celles de l'État pontifical, sont de nouvelle formation, comme la plaine de Palo. La plage de Corneto résulte des affluents qui se multiplient sur ce point. Tarquinii, autrefois à la côte, en est distante de plus d'une lieue.

En remontant la route de Rome jusqu'au pont de Claude d'abord, puis jusqu'à celui de Trajan, l'un et l'autre à gauche en marchant vers l'est, c'est-à-dire de la mer sur Rome, ce n'est que ruines couvertes de broussailles. Les deux ports de Claude et de Trajan ressemblent à des pépinières de roseaux de quelques hectares d'étendue chacun ; le premier est le plus petit.

Du port de Trajan, nous nous dirigeons sur San Hippolyte, casale (ferme) situé sur la rive gauche du petit Tibre dans l'île d'Apollon.

Pour passer l'eau, nous attendîmes trois quarts d'heure que quelques drôles vinssent. de l'autre côté, nous prendre sur la rive droite. Ils sont chargés du service du bac, et, selon les usages locaux, ils ne se pressent jamais. Après avoir parlementé en vain avec une de ces variétés de sauvages comme il y en a tant dans le pays romain, il fallut qu'un capucin survînt et ordonnât notre embarquement ; sans cela, nous eussions pu attendre longtemps encore.

Le petit bras du Tibre a une cinquantaine de pas de large ; à notre stupéfaction, huit hommes se mettent dans la barque qui doit venir nous chercher. La traversée du canal fut pour eux l'affaire d'un quart d'heure. Il est vrai que, démarrés en face de nous, ils manœuvrèrent si mal, qu'ils allèrent toucher la rive opposée, à trois cents pas au-dessous de leur point de départ. En conséquence, ils durent remonter leur embarcation au cordeau au moins cinq cents pas plus haut, deux cents pas environ en amont du point habituel d'attache de leur barque, et l'on nous reçut à bord. De tous ces gens affectés à ce service, l'un commandait aux autres, et c'est tout au plus s'il savait le premier mot de ce qu'il avait à leur faire exécuter. Trois ou quatre d'entre eux étaient de ces réprouvés qui peuplent le pays d'Ostie, dont parle M. de Tournon, et qui vont y échanger la corde contre la fièvre, auxiliaire normal de la justice humaine dans ce purgatoire anticipé. Pour regagner la rive gauche, la manœuvre ne dura que quelques minutes, et le canal fut franchi sans trop perdre de terrain ; on dériva peut être d'une centaine de pas en aval, ce qui donne la notion de l'inhabileté de nos pilotes, puisque, dans le premier cas, ils avaient dépensé à la même œuvre une fois plus de temps et de peine que dans le second. Dans tout autre pays que l'État romain, un seul gamin, à l'aide d'une corde de 3 fr. fixée d'une rive à l'autre, suffirait à toutes les nécessités du passage; la force d'inertie autochthone ne saurait vouloir une pareille innovation. Il est consacré parmi les économistes d'Italie que, si le travail doit avoir un objet, ce n'est pas d'être fécond, mais d'occuper avant tout; et c'est, en conséquence, que là où il suffirait d'un seul homme pour parfaire une œuvre déterminée, il y a toujours plusieurs fainéants pour s'en partager l'accomplissement.

Du casale San Hippolyte, nous avons à parcourir toute la partie septentrionale de l'île d'Apollon, aussi inhabitée, aussi nue, aussi déserte qu'au sud, sans vestige nulle part d'aucune construction ancienne ou moderne, si ce n'est la baraque conique du passeur du bateau, ce pauvre diable grelottant, hébété de misère et de souffrance, auquel nous avions déjà eu affaire le matin. Le jour décline, et nous avons hâte de retrouver nos compagnons, un souper médiocre, puisqu'il doit être assaisonné d'épices diaboliques, d'eau corrompue et de vin salé.

II

La venue de forestieri de bonne mine à la locanda d'Ostie ne s'effectue pas sans quelque retentissement dans ce désert. Il y avait à peine quatre jours que nous y étions descendus, que plusieurs figures patibulaires et fiévreuses venaient déjà nous accuser leurs douleurs et leur indigence. Une espèce d'athlète, hypocondriaque renforcé, nous fait le récit de ses incurables vésanies; nous lui recommandons le travail et un bon régime; ce n'était pas ce qu'il attendait de nous; il aurait mieux aimé qu'il lui fût servi un ordinaire de prélat, qu'il lui fût ordonné d'avaler quelque couleuvre ou d'assassiner quelqu'un ; il s'en va mécontent. Un type de vaurien, facétieux indigène se plaint d'un violent pyrosis ; nous l'engageons à changer sa diététique accoutumée ; il en sera ce qu'il pourra ; le sujet ne vit que d'eau-de-vie et de morue salée, et c'est tout au plus s'il boit jamais de l'eau saumâtre à défaut d'eau douce, inconnue dans cet enfer si voisin de la cité sainte.

Prescriptions plus que vétérinaires que tout cela ; nul de ces gens ne se soucie de ce qui est rationnel ; des drogues merveilleuses ou la Madone, voilà tout ce qu'il faut pour soutenir leur courage dans l'inhospitalière contrée où ils végètent tous pour la plupart neuf mois de l'année seulement, car, du 15 juillet au 15 octobre, le pays des alluvions du Tibre est inhabité, tout le monde fuit à Rome l'air empesté du marais.

III

Une fois, M. Cléry se joint à nous pour visiter la tour Saint-Michel et ses alentours à l'embouchure du grand bras du Tibre. Il était armé de sa pique de paysagiste ; M. de la Chapelle portait son *Énéide* et un gourdin ; ma lance, mon fusil et moi, nous étions désormais inséparables tant que dureraient nos courses dans un pays si mal famé. Après avoir longé pendant une heure et demie les bords minés du Tibre sur un sol boueux fraîchement abandonné par les eaux de récents débordements et en nous tenant à peu près à cent cinquante pas de la Makia sur notre gauche, à deux kilomètres environ de la tour qui surgissait devant nous du milieu d'une sombre verdure, trois bœufs nous barrent le passage et nous font redouter d'aller au delà. La situation qu'ils nous créent de nous jeter à l'eau pour éviter les coups, s'il leur plaît de nous chercher querelle, ne comporte pas d'autre alternative, car il est impossible de gagner les bois à 150 mètres, séparés qu'ils sont alors du rivage, près duquel nous nous trouvons, par des couches humides et profondes d'alluvion où l'on s'embourberait à coup sûr en voulant échapper à une poursuite moins embarrassée et plus rapide toujours que la retraite. Un instant ces incommodes bêtes s'écartent du fleuve; sans perdre de temps, nous nous engageons dans l'étroit défilé qui s'offre à nous, déterminés aux plus héroïques expédients pour nous tirer d'affaire, s'il le faut. Le cas était d'autant plus critique que M. de la Chapelle ne sait pas nager et le Tibre est profond et ses rives sont à pic! Tout se passa sans accidents et notre but fut atteint sans aventure. Nous touchions l'oasis au désert, mais quelle oasis que cette sépulcrale tourelle aux épaisses murailles au milieu de ces bois partiellement submergés ou croasse un monde de batraciens et ou sévit avec la plus extrême intensité l'influence paludéenne.

Il y avait dans un ténébreux réduit un maréchal des logis d'artillerie alité dans une chambre où le soleil n'a jamais lui, et dont l'aspect donne le frisson. Ce n'étaient pas les indurations spléniques, avec lesquelles il était familiarisé de vieille date, qui le retenaient au lit, c'étaient des douleurs de tête, des bourdonnements d'oreilles que l'anémie engendre et que le sulfate de quinine à perpétuité, prescrit par le praticien de Fumicine, aggrave. La femme du sous-officier d'artillerie de la tour Saint-Michel présentait le plus bel échantillon des effets produits par l'influence locale sur une luxuriante organisation. Cette femme fut autrefois assurément une grande et splendide Transtévérine ; tout en était alors terni ; sa peau était parcheminée, flasque et décolorée. La charpente seule était restée superbe.

Nonobstant l'état de souffrance des maîtres de céans, il y avait dans la redoutable demeure tout ce qui manque dans l'universalité des habitations du pays, à Rome même, une certaine propreté, de l'ordre, une tenue de maison en un mot, qui contrastait à son avantage avec la malpropreté des rares habitations que nous avions pu voir dans ces parages maudits, avec l'indigence de celles de Fumicine, avec le laisser aller qui préside à l'arrangement intérieur de celles de Rome même.

Un brigadier et deux soldats composent, avec le maréchal des logis d'artillerie et sa femme, toute la garnison. Les uns et les autres sont sous le joug, incontesté ici, de la fièvre et du régime qui s'ensuit. C'est un cas prévu, c'est normal au temps de la malaria. Tout le monde trouverait étrange qu'il en fût autrement chez ces Turcs de l'Évangile.

En parcourant les divers appartements de la tour nous vîmes, suspendue au-dessous d'une madone et encadrée comme un sarcasme, la légende : Vive la santé ! Au premier abord, on serait tenté de croire qu'il s'agit, chez ces pauvres fiévreux, d'une manifestation enthousiaste en faveur d'un bien dont on ne sent généralement tout le prix que quand on l'a perdu, ce qu'ils retrouveraient peut-être en fuyant le milieu pourri qui les consume; pas du tout. Ce n'est pas une divinité qu'ils invoquent pour adoucir leur sort; ce n'est pas de cela que l'on s'inquiète dans ce funeste lieu. Ce que l'on chante ainsi, c'est l'arme, c'est la corporation, c'est la catégorie sociale à laquelle on est si fier d'appartenir. Le personnel de la tour Saint-Michel, comme celui de toutes les tours du littoral, a le service des quarantaines et de la douane dans ses attributions, et Vive la santé! pour ces artilleurs grelottants qui n'ont jamais senti la poudre, c'est l'équivalent de Vive l'artillerie! vive le génie! vive la cavalerie! etc. Pourvu que le praticien de Fumicine leur apporte ponctuellement un sulfate de quinine toujours scrupuleusement absorbé, que manque-t-il à ces pauvres gens della aria pessima? N'ont-ils pas leur pain quotidien assuré? et cet autre droit de fainéantise, si parfaitement semblable, dans ses fins dernières, à ce fameux droit au travail que l'apostolat socialiste proclamait jadis si haut supérieur à tous les autres? Là, en effet, tout le monde est certain d'une invalidité endémique presque absolue pendant six mois l'an, mais aussi de n'avoir rien à faire pendant le reste du temps où la santé prospère; et, dans un pays où les institutions priment la paresse et perpétuent la mendicité, en la surexcitant par tous les moyens imaginables, c'est une position toute faite, enviée, que celle de gardien, au prix de la fièvre, des tours du littoral. Tous ces fortins de la côte Italique, jusqu'à la prise d'Alger en 1830, avaient une autre utilité encore que celle d'empêcher la contrebande et la peste. Alors que quelques forbans barbaresques écumaient impunément la Méditerranée, il leur prenait parfois fantaisie de descendre sur les terres des infidèles pour y voler des femmes ou des enfants; les ruraux, en pareil cas, se réfugiaient dans les tourelles plantées çà et là non loin du rivage. Une fois qu'on y était entré, on fermait la porte et les corsaires restaient dehors. Actuellement elles pourraient encore protéger contre le brigandage de la campagne de Rome; mais pour cela il faudrait que les gardes de santé fussent au moins aussi valides que les bandits, et il est de notoriété publique que les gredins, dans tous les pays du monde, ont des jarrets d'acier et des bras de fer contre lesquels *el huomo della cattiva aria* (l'homme du mauvais air) n'oserait jamais se défendre derrière des créneaux même, à plus forte raison qu'il ne pourrait pas poursuivre.

L'aspect du pays, du haut de la tour Saint-Michel, a quelque chose de sinistre : qu'on se figure une énorme construction ronde, massive, brunâtre, placée à l'embouchure d'un fleuve, à quelques centaines de pas des dunes qui bordent la mer, au milieu de broussailles de lentisques, de chênes verts et de roseaux à demi recouverts par les eaux stagnantes sur tous les points déclives dans un rayon de plusieurs kilomètres vers l'est surtout, voici pour les alentours immédiats de la forteresse.

De la plate-forme la vue s'étend au nord sur les plaines qui séparent Rome de Palo, route de Civita-Vecchia, au midi sur les dunes boisées du rivage, sur la mer bleue à deux ou trois lieues au large et d'un jaune trouble sur toute l'étendue du littoral où viennent aboutir les deux bouches du Tibre ; à l'est, elle plane sur les bois jusqu'à Pratica, dont le donjon ferme l'horizon, et à l'ouest sur l'île d'Apollon, Fumicine et Civita-Vecchia dans le lointain.

Tout est consterné dans cette solitude, et je doute fort qu'il existe quelque part ailleurs un site qui prête mieux aux situations fantastiques des peintres et des poëtes. Si c'est là que le cardinal Albani exerçait si libéralement son droit d'asile, on pourrait douter que ses clients en aient jamais retiré d'autre profit que la substitution de l'agonie lente des fiévreux à l'expiation légale de leurs forfaits, et si l'on a pu fonder sur la reproduction de criminels endurcis l'espérance qu'ils finiraient à la longue par opérer ce que leurs aïeux avaient fait, deux ou trois mille ans plus tôt, vers les sept collines, la ville nouvelle des convicts de l'État pontifical attend toujours son Romulus et une législation hygiénique efficace surtout pour durer.

Sur trois individus qu'on rencontre aux alentours d'Ostie, a écrit l'ancien préfet impérial du département du Tibre, il en est deux qui ont dû échapper à la corde; mais la fièvre vient superlativement en auxiliaire à la justice.

Le droit d'asile, comme il se pratiquait autrefois, était bien suivant la morale sophistiquée des populations italiennes. Une foule d'autres pratiques religieuses de l'époque païenne s'est perpétuée de même.

C'est bien dans ce pays romain que la rencontre d'une vestale par le plus infâme scélérat voué au gibet entraînait le pardon; les cardinaux avaient hérité des chastes vierges les mêmes vertus, ils en ont été expropriés. Il n'y a pas bien longtemps encore, les mois de prison étaient de vingt jours dans l'État romain; grâce illusoire ou absurde, comme on voudra, puisque, si l'on n'y proportionnait pas toujours la peine au délit, quand il s'agissait de punir, le nombre des mois augmentait en raison de la réduction de leur durée effective.

Dans ce pays théocratique avant tout, moralement apprécié avec tant de rigueur par Chateaubriand, alors secrétaire d'ambassade à Rome (voir sa lettre à M. de Fontanes, 1803. Villemain, *Tribune moderne*), une dépravation excessive du jugement ou de monstrueuses défectuosités législatives bouleversent toutes les notions du juste et de l'injuste. La loi semble ne pas avoir à s'y préoccuper de la sécurité des personnes; les routes sont infestées de voleurs bien armés, et nul voyageur, si ce n'est par exception, ne saurait impunément se munir d'une arme de sûreté. Ce qui fait l'impunité des crimes à Rome, dit Bonstetten, c'est que l'on serait forcé de punir des forfaits nés des lois mêmes qui devraient les prévenir.

Les rues et places habitées par des ambassadeurs et les églises étaient des lieux sacrés de refuge pour les bandits, et les déserts d'Ostie, sous la protection du cardinal Albani, alors propriétaire de cet antique paradis, servaient d'asile à tous les malfaiteurs. Les fermes même de quelques possesseurs privilégiés jouissaient des mêmes bénéfices. Aujourd'hui qu'une législation plus saine semble devoir pénétrer dans l'État pontifical, les mêmes abus s'éternisent, par tradition, il est vrai, mais non moins réels que par le passé.

Ces touchants égards pour les brigands ont si manifestement vicié le sens moral de la nation, qu'à chaque assassinat celui qui surexcite l'intérêt du plus grand nombre est ordinairement le meurtrier, jamais la victime.

La qualification de banditi (bannis) fait la gloire de quelques familles, et c'est à cette considération qu'en l'absence de celui qui est à la Makia, les voisins font sa besogne avec conscience. Toutes les filles raffolent du bandit. Ceux qui réprouvent qu'il en soit ainsi, et qui le laissent supposer seulement, n'ont qu'à se bien tenir. Des propos plus ou moins perfides ou intéressés d'un berger dépendent souvent la sécurité de la gent pacifique des domaines de Saint-Pierre.

De pareilles mœurs ne sont ni universelles ni incurables cependant; mais, pour cela, il faut que la répression atteigne le crime et ne le tolère jamais. Autant le brigandage était enraciné dans le pays de Guilano, vers Supino et Prossedi, autant il était réprouvé parmi les pasteurs au delà de Subiaco, vers Felletino.

En 1813, le sous-préfet de Frosinone tomba entre les mains de bandits pour la plupart réfractaires; une vallée tout entière prit les armes pour le dégager, et il fut remis en liberté. Il n'y avait alors que 3,000 hommes de troupes à Rome.

L'habitude du brigandage est si bien enracinée dans les mœurs de certaines localités qu'on a dû avoir recours à des moyens excessivement énergiques pour la réprimer. Le 18 juillet 1819, un édit du cardinal Gonzalvi ordonne la dispersion des habitants de Sonino, tous plus ou moins coutumiers du fait d'exploiter les grands chemins. Le droit d'asile ayant été aboli par la loi et la ligue Soninienne étant dissoute, ils furent tous, chacun de leur coté, chercher fortune hors de leur territoire. Ce qu'y gagna l'Italie tout entière ne fut pas merveilleux; de local qu'était le mal auparavant, il devint général après.

Si les crimes contre les personnes ou les propriétés restent souvent impunis, en revanche, ceux qui touchent aux intérêts spirituels ou politiques ne sont pas épargnés; mais ce qui prouve que la justice temporelle n'est pas sans efficacité contre les licences de toutes sortes que les pays sains, moralement parlant, ne tolèrent pas, c'est un précédent de l'époque révolutionnaire du XVIIIe siècle.

Durant un an et demi que dura le gouvernement démocratique, en 1798, il n'y eut pas, après les premiers exemples, un seul meurtre dans le pays, et la circonspection des gens de sac et de corde était toujours sur ses gardes à cette considération, qu'il existait un ministre de police incapable de laisser impunis de coupables excès.

Se non fusse Spinelli, si ce n'était Spinelli, disaient les hommes de couteau en serrant prudemment leur instrument de prédilection au fond de leur poche! et toutes les querelles se terminaient alors en grimaces et en paroles, comme au théâtre, et cela, parce que la police avait la main leste et ferme à la fois.

La société romaine a pu se passer un instant du droit d'asile pour exister. Une administration bien intentionnée et vigilante préviendrait donc tous les maux que l'infection marécageuse des bouches du Tibre semble avoir seule pour mission de punir.

Du saint des saints de ce pays de mauvais renom à tant de titres, de la tour Saint-Michel, on se rend aux bords de la mer à travers les dunes où végètent quelques arbres résineux malingres et rabougris. La main de l'homme ne saurait implanter là, d'une manière durable, quelque vestige de sa puissance; la vague submerge tout, et, à son défaut, les vents du large déplacent les couches de sable qui ondulent en sillons multipliés. Tout est éphémère sur ces plages mobiles comme l'aquilon. A de certaines époques il s'y rencontre des groupes de pêcheurs, installés pour un temps sous des abris improvisés avec des roseaux et du feuillage. Nous eûmes la bonne fortune de faire près d'eux une provision de poissons frais qui fut rapportée au bout de nos bâtons à Ostie et accueillie comme une friandise prohibée par tous nos commensaux. Ce jour-là il y eut bombance à la locanda.

L'emplacement de la vieille cité mérite aussi qu'on s'arrête sur les ruines qui en rappellent toute l'importance à d'autres époques. Là, sous la ronce, les vieux murs, des vestiges de palais, de temples, de théâtres se multiplient à chaque pas. Les seuls êtres humains que nous ayons rencontrés auprès de quelques gourbis, en tout semblables à ceux des Arabes de la Mitidja, dans cette solennelle désolation, furent de jeunes mendiantes qui appelaient notre aumône et semblaient fuir devant nous comme des bêtes fauves chaque fois que nous manifestions l'intention de satisfaire à leur vœu apparent. La misère la plus sordide alliée à la sauvagerie la plus farouche, voilà ce qui incombe à la condition d'habitant des masures de la ville à bas.

Des damnés humains ne sont pas seuls relégués dans ce singulier coin du monde; les bêtes indociles y viennent aussi expier leur révolte ou leur insoumission au joug de l'homme ; elles trouvent là pour gardiens des êtres comme eux bannis de la société de leurs semblables. Le pénitencier des Bœufs occupe les bois qui avoisinent le petit canal de Castel-Fusano. Si, précédemment, dans l'île d'Apollon et vers Saint-Michel, les bœufs et les taureaux nous avaient déjà occasionné de graves appréhensions, ce devait être bien plus sérieux encore dans les bois où erre en liberté un choix d'animaux les plus intraitables. Les récits les plus tragiques foisonnent à ce sujet; ici c'est un Anglais, un schismatique réfugié sur un arbre, qui s'est trouvé bloqué et gardé à vue par un troupeau de bœufs furieux, jusqu'à ce que mort s'ensuivît. Là, c'est un Russe, un protestant, un hérétique, que sais-je, qui fut mis en pièces à coups de cornes, etc. Aussi n'est-il pas prudent de s'aventurer parmi les hôtes de ces forêts, bêtes ou gens. Le malheur, tout récent à cette époque, d'un officier français encorné dans les rues de Rome par un bœuf en furie, est parfaitement authentique.

L'excursion des bois, de ce côté, n'est donc pas exempte de périls ; elle eut lieu pour nous sans accidents. Au retour, fidèles à notre procédure habituelle de ne jamais reprendre deux fois sans nécessité les routes que nous avions déjà suivies, nous revînmes à travers la plaine en longeant une pièce de blé de deux ou trois cents hectares au moins, sillonnée dans tous les sens par de profonds fossés destinés à faciliter l'écoulement des eaux diluviennes de l'automne ou du printemps, immenses et coûteux travaux indispensables ici où la main-d'œuvre est rare, et qu'aucune circonstance n'impose jamais dans la culture du froment en France. Si l'on veut bien considérer que nul de ceux qui labourent, sèment et récoltent ne réside jamais sur les lieux cultivés dans l'Agro-Romano, et qu'on est obligé d'aller embaucher les ouvriers agricoles à grands frais jusque dans les Abruzzes, on sera conduit à admettre que la culture du blé, obligatoire dans une certaine mesure dans l'État pontifical, doit être infiniment moins productrice que la Pastorizzia.

Pendant que nos yeux se reposaient sur ce magnifique tapis de verdure représenté par deux ou trois cents hectares de blé d'un seul tenant, nous constations du même coup que la culture des céréales, dans ce sol trop privilégié, ne se fait pas aussi facilement, à beaucoup près, que dans les bons pays du nord de la France ou qu'en Belgique. Une quarantaine d'individus, femmes et enfants pour la plupart, rangés sur une seule ligne, nettoyaient, le vaste guéret des herbes parasites qui multiplient au plus haut point dans ce sol opulent. Un surveillant dirigeait la bande. Une telle opération est aussi urgente, en pareil cas, que la pratique des fossés d'écoulement des eaux, et fort onéreuse aussi.

La culture des céréales dans le pays romain est à double fin; elle a pour but immédiat la reproduction du blé, et, finalement, le renouvellement des pâturages spontanés, dont la production diminue; le reste n'est qu'accessoire. Les terres sont mises en culture pour la plupart tous les quatre ans seulement, et je parle des meilleures; le reste du temps, aux premières pluies d'octobre, elles forment d'excellents champs de verdure destinés aux troupeaux qui descendent périodiquement à cette époque des montagnes du Nord et de l'Est de la campagne romaine.

L'exploitation du sol, comme dans toutes les grandes plaines de l'État romain, se fonde spécialement sur l'élève du bétail, bien plus encore aujourd'hui que par le passé, au temps où le marché français était ouvert à l'importation des blés d'Italie. Mais si le bétail abonde, il est sans qualité; l'engraissement s'y fait mal, d'abord parce que les grains, qui servent, dans les pays de belle culture, à la nourriture des bêtes, n'entrent pas à tort dans leur alimentation dans l'État romain; et puis enfin, peut-être aussi, parce que la viande de boucherie ne saurait acquérir, sous l'influence d'une température élevée et trop continue, les qualités qu'elle emprunte à coup sûr du milieu tempéré des pâturages de l'Angleterre et de la France, par exemple. Dans la race bovine et ovine de l'Italie, la fibre musculaire est trop sèche, comme chez l'homme à demi sauvage de la glèbe, à l'inverse de ce qui se produit dans les régions moins chaudes.

Les *mercanti di campagna* (marchands de campagne), corporation intelligente et bien disciplinée, maîtresse du marché, concentre sur elle, sans concurrence possible, toute l'exploitation de la campagne. Autant d'anciennes villes, dont les traces subsistent à peine, autant de fermes. Gabie (Pantano) n'abrite plus qu'un troupeau de vaches; Fidènes est une bergerie; Cures s'est maintenue à l'état d'auberge et Veies n'a pas laissé de traces. Dans quelques localités, la main de l'homme a amélioré la production forestière. Tout auprès d'Ostie, la magnifique forêt de Castel-Fusano, primitivement sans doute en essence de chêne, de liége, de lentisque et d'arbousier, a, secondairement, été plantée en pins d'Italie, il y a deux ou trois cents ans à peine, et elle en possède d'une gigantesque dimension. La forêt est percée de belles allées. Un coup de feu, tiré sur la chaussée des étangs à la destination d'une macreuse, nous fournit un sujet de satisfaction inattendu, un harmonieux écho répété par tous les fourrés qui entourent les eaux stagnantes. Là, le bois se confond avec d'impénétrables futaies de roseaux et se perd dans les lianes qui s'enlacent de toutes parts en reliant tous les produits du sol en un seul réseau inextricable.

Dans la profondeur des grands massifs, en se dirigeant sur Pratica, se rencontre le Casale del Inferno (la ferme de l'Enfer); c'est une réunion de quelques chaumières coniques auprès d'une maison enfumée dont les nombreuses armoires renferment des lits étagés les uns sur les autres; c'est l'installation de quelques douzaines de gens d'un aspect particulier et d'un mutisme que rien ne peut rompre. Parmi eux, sept ou huit sauvages, mâles ou femelles, découpaient des plaques de liége, les autres vaquaient aux affaires de la cambuse; les plus hospitaliers vinrent nous offrir de leur miel. MM. Cléry et de la Chapelle y goûtèrent, ce n'était que de la cire presque.

Après quelques croquis, on rétrograda sur Ostie à travers des prairies dignes de la vallée d'Auge, mais toutes parsemées de buffles, séparés de nous, au moins, par des barrières infranchissables.

Ces sortes de bêtes, qui ne datent que du VIIe siècle en Italie, y furent alors importées d'Afrique; amphibies d'une force double de celle des bœufs, ces farouches animaux rendent les plus grands services dans les plus insalubres et les plus détestables localités du pays romain. Il n'y a qu'eux pour traîner des fardeaux dans des chemins défoncés comme il y en a tant par tout l'État pontifical, tirant avec les pieds ou les genoux, indifféremment ; c'est à eux seuls qu'incombe encore de haler les bâtiments qui remontent le Tibre. Dans les marais Pontins, ils ont pour mission de nettoyer les canaux dont ils arrachent, à l'aide de leurs pattes de derrière, les mauvaises herbes qui en gênent la navigabilité. Le buffle est toujours féroce ; il a besoin d'être conduit par un homme expérimenté ; sa rudesse met obstacle à une multiplication plus active et à son importation dans d'autres régions.

Il est certain que, pour les pénibles travaux de divers points de la France, il rendrait des services inappréciables. Il permettrait de ménager davantage la race chevaline. Enfin, son alimentation est excessivement économique et sa chair n'est pas sans quelque valeur, inférieure en qualité, il est vrai, à celle des bœufs, mais bonne néanmoins, et de moitié moins chère dans les États de l'Église.

Le buffle défonce les prairies humides avec ses pieds ; il ne serait pas indifférent en France qu'il en fût de même, dans nos coûteux herbages, qu'aux déserts *del Inferno* ; mais on pourrait obvier à de tels inconvénients ; et si la Société d'acclimatation veut bien y songer sérieusement, je ne vois pas pourquoi le service du halage des bateaux par toute l'Europe, l'exploitation des carrières et des forêts ne seraient pas imposés aux buffles comme dans l'État romain et avec autant d'avantages.

Dans le reste du jour qui suivit notre excursion

au Casale del Inferno, l'air était tiède et limpide ; la bande curieuse, avant de rentrer au gîte, fit l'école buissonnière ; on suivit le pavé rapporté de l'ancienne chaussée de Pratica, qui conduit de Castel-Fusano aux dunes, et on se mêla sur la grève aux deux troupes de pêcheurs de Gaëte, installés comme des Iroquois, à vingt-cinq pas du rivage, sous des huttes de verdure destinées à les abriter jusqu'aux grandes chaleurs de l'été. Le soleil couchant, toujours splendide à la surface de la grande mer, après nous avoir enivrés de toutes les magnificences d'un embrasement au milieu des flots, détermina notre retraite. On échangea des politesses et des baïoques contre du poisson, et, carottés suivant l'usage napolitain, nous rentrions à Ostie où l'Académie accueillait toujours nos comestibles comme des réalités, et écoutait nos récits en les dévorant.

IV

Persuadé enfin que tout le domaine des Ghizzi n'avait plus de mystères pour nous et que nous en connaissions mieux tous les sentiers que ses dédaigneux maîtres, je dus aller rendre visite au ministre régisseur de la villa, pour lequel j'avais une lettre de l'administrateur général et du docteur Grana à la fois. Il nous fallait un guide sûr ; on nous le fit espérer pour le lendemain matin. A huit heures, instant convenu, l'homme *capable*, qui avait été demandé la veille, était à notre disposition. Nos comptes réglés, congé pris de nos paysagistes acharnés après les pins parasols et les roseaux, M. de la Chapelle et moi, toujours équipés comme il a déjà été dit pour les précédentes excursions, nous nous mettions en route pour Pratica. Le guide portait nos impedimenta. Nous entrons sur le terrain des six derniers livres de l'énéide, laissant le camp de Turnus derrière nous.

Cette grande route d'Ostie à Pratica se résume en des sentiers arabes, alternativement tortueux et bourbeux pendant plusieurs lieues à travers des forêts infiniment moins belles que celles que nous avions tant fouillées autour de Castel-Fusano et tout aussi solitaires; car, sauf quelques troupeaux de gros bétail en pâture dans les broussailles ou dans les clairières, il ne semble végéter là que des arbres fiévreux et des herbes paludéennes. Nulle trace d'animaux libres, gros ou petits, nul oiseau dans le feuillage, et, de tous ces sangliers, lièvres et lapins que M. de Tournon affirme exister dans les forêts du littoral, et de ces loups de la plaine, rien n'apparaît, ne s'agite dans tous ces sites solitaires semblables d'aspect aux bois dévastés des sahels algériens, si giboyeux avant l'installation des colonies militaires. Ces quelques échappées à travers les massifs, qui laissent entrevoir la mer unie à quelques kilomètres, sont les mêmes qu'en Algérie. C'est après avoir franchi des flaques d'eau, une solfatara et des landes couvertes d'iris, que l'on parvient à proximité de Torre-Paterno casale situé à droite au milieu d'une vaste plaine inculte pour le moment. Bientôt nous sommes à Laurente, sur des ruines dont il ne subsiste que ce qui peut en rester après si longtemps, rien qui révèle la préexistence d'une véritable cité. Enfin, une demi-heure après avoir foulé le sol d'une de ces ex-villes en canouches dont la poésie romaine a fait tant de bruit, que l'on a fini par croire à leur réalité citadine, la tour de Pratica apparaît monumentalement à l'extrémité d'une avenue rectiligne taillée dans ce bois où s'engagea Nisus, suivant toute apparence, et comme nos forestiers en percent pour l'exploitation des forêts nationales en France.

Cette tour de Pratica a tout l'air d'un de ces vieux châteaux du moyen âge, si multipliés sur les bords du Rhin.

Au fur et à mesure que l'on s'éloigne des bois, la physionomie pastorale du pays se caractérise davantage; ce ne sont que palissades à franchir, lourdes portes à claires-voies en soliveaux à ébranler pour passer. Tout cela parque le bétail ou fixe la limite des ténuta diverses qui se partagent le sol.

En sortant de l'avenue d'où se découvre la tour de Pratica, une heure avant d'arriver à l'antique Lavinium, on descend dans un petit vallon plein de fraîcheur et d'ombre, parcouru par un ruisseau qui roule ses eaux transparentes à travers les saules, et, des pentes boisées qui l'étreignent, se découvrent les monts Albanes. La via Romana, qui monte à la vieille Lavinia, est au nord du vallon, c'est le chemin qui mène à l'un des plus ravissants points de vue qui se conçoive.

Du haut de la tour des Borghèse, qui plane sur tout le pays jusqu'au mont Mario, Velletri et la mer à plusieurs lieues, ou seulement même des jardins qui l'avoisinent, tout est splendide à l'œil. La Méditerranée au sud-ouest, toute bleue jusqu'à l'embouchure limoneuse du Tibre ; les montagnes d'Albano, les ponts de l'Arricia, Genzano, Grotta Ferrata, Frascati à l'est ; Porto d'Anse, Ardea au sud-est ;

Rome, ses églises, ses tours, ses palais, enfin l'Agro-Romano avec ses aqueducs, ses ruines, ses tourelles au nord : tout cela fait du site de Pratica une des plus magnifiques perspectives et des plus ignorées à la fois.

Quant au village de Pratica, il n'est pas sans analogie à l'intérieur avec certains villages des sahels d'Alger, la colonie militaire de Fouka et autres; les rues y sont alignées, mais sales, fangeuses et misérables, comme les habitations vieilles, solides et enfumées des autres localités voisines à l'aspect non moins sordide et indigent.

L'église de Pratica est riche en ex-voto. Un des mieux motivés résulte d'un accident de chasse. Un fusil crevé est accroché à la muraille et, tout auprès, un tableau des circonstances de l'événement : l'arme éclate à l'instant où le chasseur tire un sanglier. L'animal est atteint, son sang coule. Quant à l'homme, il reste invulnéré, grâce à la Vierge, qui intervient du haut des cieux pour arrêter les effets de la déchirure du canon sur la main qui le supporte.

Quelques gorges boisées viennent s'ouvrir dans les vallons qui entourent Pratica.

Lavinia (Lavinium), au moins, a conservé, dans son abaissement, des vestiges d'une splendeur passée. Des débris d'anciennes constructions, d'une époque très reculée, subsistent encore dans le jardin des Borghèse, au milieu des vignes, sur un des côtés des profondes ornières qui conduisent à Ardée ; un grand pin parasol les abrite de son feuillage toujours vert.

L'hospitalité de la Locanda de Pratica est aussi

satisfaisante que possible : deux contadines, au corsage rouge albanais, aux larges épaules, à la taille cambrée, y reçoivent les voyageurs aussi prestement et avec autant de bonne grâce que des filles d'hôtelier suisse ou allemand. Celles-là n'avaient rien de maladif dans les allures, au moins; c'est que Pratica, comme tant d'autres points de l'Agro-Romano, n'est nullement insalubre pour ceux qui sont pourvus de tous les éléments de bien-être désirable et que rien n'oblige à s'esquinter à la plaine pendant les chaleurs.

Le guide que nous avions pris à Castel-Fusano, maigre, affamé et fiévreux, *un huomo della cattiva aria* (un homme du mauvais air), comme il se qualifiait lui-même pour légitimer ses éblouissements au milieu des bois, ne nous inspirait pas le moindre désir de le conserver plus longtemps. Quand il fut rassasié de vivres et de monnaies de cuivre, il reçut son congé; un polisson de Pratica le remplaça, et l'on se mit en route pour Ardée.

De Pratica à Ardée, c'est l'Agro-Romano dans toute sa splendeur, toujours des alternatives de monticules verdoyants, de troupeaux enfermés dans des enceintes où ils paissent en vous regardant passer; quelques bois ou des broussailles vers le littoral, la mer, les dunes; des tourelles sombres et noires, toutes les lieues environ, se détachant sur la verdure du sol et des arbres; tel est l'aspect du pays.

La ligne droite nous faisait une loi et un péril de passer près d'un parc de bétail que notre jeune guide voulait à tout prix éviter, tant est mauvaise la réputation des chiens et des bêtes à cornes toujours hostiles aux étrangers qui s'aventurent par là, on n'éluda rien ; les barrières qui nous séparaient des troupeaux furent escaladées impunément, et la méthode romaine du trayage s'opéra sous nos yeux avec toute la perfection désirable.

Sur cette terre de tradition obstinée, il paraît que les vaches ne veulent bien donner leur lait qu'au prix d'une manipulation spéciale et dégoûtante. Cette pratique, universelle dans tout l'État romain, est-elle réellement nécessaire ? Ce qu'il y a de certain, c'est qu'elle n'est jamais omise. C'est qu'aussi, dans ce pays stationnaire, les choses les plus simples ne se font pas comme ailleurs, et les choses les plus compliquées se font le plus simplement du monde.

Ainsi on y fait toujours usage, comme au temps de Virgile, de la vieille charrue romaine, parfois attelée de six ou huit bœufs même.

On y coupe toujours le blé à la faucille, et ni la faux, ni la sape du Hainaut ne s'importent jamais dans ces régions réfractaires à toute pensée saine d'innovation. C'est un pays où la pastorizzia pourrait devenir florissante et prospère ; on répugne à y donner les moindres soins aux bestiaux ; c'est à peine si on songe à les abriter et si l'on prévoit quoi que ce soit qui puisse leur nuire. Tout est marqué au cachet du fatalisme sur ce vieux sol théocratique à païennes réminiscences ; le texte et l'esprit de l'Évangile, singulièrement travestis chez le paysan surtout, n'y tendent à aucune transformation, prohibée, on ne sait trop pourquoi, de cette société immobile dans le mouvement qui se fait autour d'elle sans l'atteindre.

Si, comme l'écrivait il y a trente ans M. de Tournon, le gouvernement temporel de Rome est le plus compliqué de tous les gouvernements des temps modernes, un pareil état de choses se reflète assez dans les choses de la vie universelle.

Les plus vulgaires notions économiques ne sont pas faites pour les gens du Latium.

L'on ne vit guère dans tout l'Agro-Romano que de pain apporté de Rome et d'herbes crues. Le bétail abonde sur ce sol si riche en pâturages; pour de certaines gens, c'est comme si le pays en était entièrement dépourvu.

Un petit pâtre fiévreux des environs d'Ostie affirmait à Bonstetten qu'il savait bien ce que c'était que de la viande, qu'il en avait mangé une fois dans sa vie.

Cette réponse de catholiques romains, manœuvres de la campagne, à celui qui leur demandait ce qu'ils faisaient en cas de maladie, n'est-elle pas digne de parfaits et stupides musulmans : *nous mourons alors*, répondaient-ils à Bonstetten.

Là, l'ouvrier agricole travaille sous un soleil brûlant, sans un abri à sa portée où il puisse se reposer un instant du travail, loin de redoutables périls. Son repos, il le prend sur un sol humide, parfois sous quelque hangar exposé à de délicieux mais perfides courants d'air. Que la pluie, la tramontane ou la brise de mer vienne à surprendre l'homme de peine dans une transpiration excessive, il n'a même pas un vêtement pour se préserver d'un refroidissement qui donne la fièvre dans les pays chauds, comme il occasionne une maladie de poitrine ou un rhumatisme dans les pays froids. Telle est la malaria le plus souvent. La misère est si extrême, là où tant de terres sont si incultes, que la mort par privation d'aliment est aussi fréquente parmi les ouvriers agricoles que par cause de malaria. C'est que le sol appartient tout entier dans ce pays chrétien à quelques familles et aux corporations, exactement comme dans l'empire Ottoman.

La masse est vouée à la fainéantise, à l'impuissance, à la nullité. La mendicité à Rome est un état constitutionnel, honorable, protégé, tout comme sous les Césars païens, et les mendiants sont aujourd'hui aux cardinaux et aux confréries ce qu'étaient jadis les clients aux praticiens romains : chacun y prend sa part de l'oisiveté ecclésiastique (Montaigne). Rome n'exporte que de la pouzzolane, des haillons, des antiquités et des tableaux; une moitié de ses habitants ne vit que des ruines du passé, tandis que l'autre fait le commerce exclusif de la vie future (Bonstetten); et la plus vive et la plus journalière jouissance de ce peuple, maintenant stérile et impuissant, a pour théâtre le Corso, une grande rue de Rome où les Romains jouissent de l'*inépuisable plaisir de se voir passer d'un bout à l'autre.*

Il existe des ordres mendiants propriétaires, qui ne cultivent même pas leurs immenses domaines, et, selon Bonstetten, les lois puniraient l'industrie qui ne va pas de pair avec la fainéantise universelle à laquelle tant de jours de fête condamnent une nation déjà portée à l'oisiveté par son caractère et par tant d'institutions qui la perpétuent. Est-il possible qu'il existe un pays au monde où le laboureur ne sache jamais devenir propriétaire! Eh bien, ce pays, c'est l'État pontifical. Les Romains d'aujourd'hui, dans leur abaissement, ont perdu même le moyen d'exister à la campagne. On ne peut pas leur faire un crime de ne pas savoir quitter la ville pour aller vivre dans leurs terres, comme les y engageait jadis l'agronome Magon le Carthaginois, puisque la possession du sol n'existe de fait que pour une infime minorité de gens, trop grands seigneurs pour la féconder comme elle le mérite, et s'il est, dans quelque petite ville du Latium, quelque rare petit propriétaire, il y végète à singer péniblement les désœuvrés du chef-lieu, c'est là toute son ambition.

La charité dans l'État romain consiste à faire vivre les pauvres et nullement à prévenir la mendicité qu'elle éternise.

Dans cet Agro-Romano, par des mesures bien entendues, on pourrait sauvegarder, dans une certaine mesure, la santé des ouvriers agricoles des mauvaises influences endémiques, on s'en tient à envoyer des charrettes au milieu des champs pour relever les malades. Si le soin des vivants est médiocrement bien entendu, au moins celui des morts ne laisse rien à désirer; il est des gens qui sont investis de la mission de les ensevelir.

Rien ne se fait dans ce pays caduc comme là où le sens commun préside aux actes de la vie publique et privée.

Il fut un temps, sous les papes encore, où l'Europe entière était tributaire de Rome et en faisait tous les frais; aujourd'hui que tout est changé, le personnel officiel, dans l'État romain et autour du chef de l'Église, est toujours resté le même ; l'argent ne leur arrive plus; les nombreux et inutiles états-majors n'en persistent pas moins à toujours durer, misérablement il est vrai, mais enfin ils existent. Tout est étrangement compliqué et embrouillé de ce côté, si bien que toute modification à ce qui est ne se peut.

En face de ce complexe état de choses, il n'est pas un souverain plus simple, plus digne et moins inabordable que le Saint-Père. Ce cabinet vert, où je l'ai vu recevoir successivement des rois, des moines et des gens de rien comme moi, n'est-ce pas le sanctuaire d'un vrai sage ?

V

Cette triviale particularité du trayage des vaches dans l'État romain, qui amène à des digressions sur le régime du pays, ne m'a pas, pour cela, détourné du bon chemin de Pratica à Ardée. Nous rencontrons à quelques pas du parc de bestiaux des paysans qui viennent d'assister à la messe dans une chapelle isolée des bords de la mer ; à proximité d'un casale de moyenne importance, deux sauvages, vêtus de peaux de bêtes, allant aussi à Ardée, se joignent à nous. L'un d'eux décharge le guide de notre léger bagage, et l'autorise ainsi à retourner là d'où il vient.

De tous ces vallons que l'on traverse, il en est un d'une couleur locale des mieux accentuées et d'une non moins classique illustration ; un vaste steppe le termine, et, à l'extrémité de celui-ci, se découvrent quelques cabanes coniques en paille ; enfin, sous les pieds du voyageur, le fleuve Numicus, maintenant le *rio Torto*, qui roule piètrement ses vagues infinitésimales dans une espèce de fossé de drainage.

Ce cours d'eau, si célèbre pour les latinistes, a bien deux mètres de large, trois ou quatre de moins que l'Illissus, autre notabilité de même acabit. Ses ondes pourraient submerger des tiges de bottes de moyenne élévation. Il est vrai que dans les grandes eaux la masse liquide se décuple; aussi a-t-on jugé à propos de lui donner un pont qui dispense d'avoir recours à la pique pour sauter d'une rive à l'autre. C'est du parapet de ce même pont que l'on voit le mieux les ronces, les lianes et la verdure qui rendent le flot inaccessible à la profondeur où il coule dans les temps ordinaires sur la bourbe.

Jusqu'aux bois il y a pour un quart d'heure de marche. La traversée de la Makia dure quatre fois autant, et puis on descend, par des sentiers de mulet, dans la vallée qui entoure Ardée, et où se retrouve l'ancienne voie romaine dont il existe des débris transposés dans la forêt de Castel-Fusano et des restes intacts au milieu des marécages couverts de bétail de Torre-Paterno.

L'émissario du lac d'Albano, de même physionomie à peu près que le fleuve Numicus, traverse la plaine d'Ardée; il ne mérite guère qu'on en parle plus que d'un égout très ordinaire. Nous sommes en vue d'une roche située au centre d'une verdoyante prairie; il y a là, sur une superficie de trois ou quatre hectares environ, quelque chose comme une vieille maison seigneuriale abandonnée, une église et quelques masures en état de gîter deux ou trois cents Romains peu exigeants, des grottes au bord des sentiers, des lézards et des vipères qui courent çà et là; c'est tout le résidu de l'antique métropole tant vantée des Rutules. C'est de ce site pierreux que le vainqueur de Brennus prit son élan pour tomber sur nos aïeux et en purger sa patrie.

Ardée, telle qu'elle est aujourd'hui, laisse à penser qu'elle fut, dans les temps anciens, un nid de brigands médiocrement inexpugnable, un manoir qui ne devait pas être imprenable sans canons même, voilà tout. Il n'y a jamais eu place sur ce roc pour une population de plus de quatre ou cinq cents individus. On dit qu'il existe quelque part des débris d'une antique muraille cyclopéenne sur son territoire ; mais celle-ci prouverait-elle qu'il ait pu vivre un peuple pour de bon dans ce vallon tout émaillé de fleurs, qui circonscrit de toutes parts les rochers à pic de la cité actuelle.

Il n'y a qu'une locanda à Ardée ; l'on y est hospitalier avec mesure, faute de concurrence sans doute. Le jour baissait, et nos forces aussi, quand nous nous y présentâmes, et l'accueil que nous y reçûmes laissait à désirer. On entre dans une vaste construction tout enfumée, plus semblable à l'intérieur d'un four à briques qu'à une hôtellerie. Un brasier occupait un âtre immense ; quelques idiots ou des bêtes fauves, on ne saurait trop dire ce que c'était au juste, s'y grillaient stoïquement les pattes ; pas un ne bouge à notre arrivée, pas un ne répond aux interpellations que M. de la Chapelie leur adresse sur un ton flûté et dans son plus suave patois italiano-bordelais. Nous cherchons autre chose que des imbéciles dans la vaste cambuse ; nous furetons dans les salles contiguës à celles par où nous venons de pénétrer ; et, pour achever notre malheur, nous découvrons enfin, dans je ne sais quel recoin où elle se tenait, fixe comme une image, la plus ingrate physionomie de matrone romaine flanquée de deux jeunes contadines, ses filles, occupées, l'une à rouler du macaroni, l'autre à faire ce que font habituellement tout le jour les donzelles de l'État pontifical, se tordre les doigts le plus innocemment du monde.

L'éloquence de M. de la Chapelle, nonobstant ses insuccès oratoires auprès des crétins du coin du feu, était de celles-là que les difficultés surexcitent ; ce fut encore lui qui prit la parole auprès de ces dames pour obtenir qu'il nous fût vite servi à souper d'abord et préparé des lits après; mais les visages de marbre persévéraient dans leur pétrification. Quand il se fut répété plusieurs fois dans le plus pur dialecte toscan qu'il eût inventé, il fut enfin répondu que l'osteria possédait ce jour-là M. le secrétaire de Genzano, rien que ça, et des charbonniers, et qu'il n'y avait plus de lits vacants. C'était exactement comme s'il venait de nous être signifié qu'il faudrait coucher à la belle étoile ou sous le porche de l'église dans ce canton privilégié de malaria, de reptiles venimeux et de puces phénoménales qui sautillent de toutes parts. La perspective n'avait rien de séduisant, le jour finissait; il n'y avait pas à chercher gîte dans une auberge rivale; l'émulation, c'est presque une hérésie dans les États de l'Église! Avant que l'obscurité fût complète, fallait-il retourner chercher un lit à Pratica, s'en aller à Albano, à plusieurs lieues de là, ou se résigner à passer la nuit dehors? Dans l'occurrence, ce qu'il y avait de plus sage à faire, c'était d'attendre et d'espérer. Nous songions à faire intervenir monsieur le curé pour sortir d'embarras, mais on n'en vint pas à cette extrémité; et, pour user notre loisir, un magnifique soleil couchant sur les pentes boisées de l'ouest survint à propos; un clair de lune non moins splendide suivit; et quand nous fûmes saturés de toutes ces magnificences, l'appétit redevenant impérieux, il fallut bien retourner à l'hôtel.

Pendant que je m'abandonnais oublieusement à la pure contemplation, M. de la Chapelle avait parlementé et obtenu qu'il nous fût préparé à souper, et la promesse vague qu'il nous serait fourni des lits. La Providence devait finir par se mêler de nos affaires; le fils de notre hôtesse arrivant d'Albano, avant d'être descendu de cheval, se trouvait aux prises avec mon compagnon, acharné à la réalisation de ses vues, d'être assuré d'un gîte pour la nuit. L'Antiate avait tout promis, notre sort était désormais fixé. En effet, une heure après son arrivée, sans avoir rien dépouillé de son costume d'opéra-comique, sans avoir quitté ni sa perche ferrée, s'il m'en souvient, ni son manteau, ni son chapeau pointu, ni ses bottes montantes, ni ses piquants éperons, avec l'aide de sa jeune sœur, une belle fille vêtue à l'albanaise, grande et flexible comme une canouche, il faisait frire du poisson, des œufs et du lièvre, servait tout cela à nos appétits dépravés et complétait son œuvre en nous hissant par une véritable échelle de Jacob dans un dortoir où il n'y avait que deux lits, mais où l'on pouvait en dresser trente fort à l'aise.

Le rêve était donc devenu une réalité; nous avions très sérieusement soupé et notre grabat était prêt. La lune y conviant, nous sortîmes prendre un instant nos ébats à la fraîche. Notre fantaisie déambulatoire nocturne dans les pierrailles et autour des précipices provoqua une manifestation qui nous rendit plus circonspects. Des indigènes attardés, qui nous avaient vus rôdant comme des spectres autour de leurs habitations, lâchèrent tous leurs chiens à nos trousses ; il fallut battre en retraite jusqu'à notre logis et se résoudre au repos dans la grande masure, si inhospitalière d'abord, où nous rentrâmes enfin comme nous fussions rentrés dans les ruines de Balbeck, sans que personne autre que les chauves-souris fît la moindre attention à nous. Après déjeuner nous partions pour Porto d'Anse.

VI

Nos courses dans le vieux Latium s'étaient toujours accomplies jusqu'alors par un temps irréprochable ; mais à Ardée, nous nous éveillâmes une première fois à l'aube d'un soleil malingre et souffreteux et par un vent du sud à tout déchaîner, qui ne nous empêcha néanmoins pas de parcourir encore les alentours, de visiter l'église et de causer amicalement avec messieurs les gendarmes de monsieur le secrétaire de Genzano.

En sortant d'Ardée pour aller à Porto d'Anse, on suit d'abord deux ou trois kilomètres de vallons semblables à ceux qui environnent immédiatement la ville, et l'on parvient à la plaine aux pâturages fermés des buffles. Quelques centaines de bêtes s'y trouvent parquées, hors d'état de nuire. Les femelles seraient le plus à craindre, quand elles ont des petits particulièrement ; mais, partout où nous passons, des enceintes solides garantissent suffisamment notre sécurité. La campagne alentour présente l'aspect de nos plus belles plaines à blé de France en automne ; c'est la physionomie de la Beauce, au temps où les bestiaux des grandes fermes sont mis au vert après les regains. Le pays ne tarde pas à se transformer ; on entre dans les bois, et, pendant trois heures environ, on ne voit plus que des arbres, des dunes parfois, et la tour de San Lorenzo pour diversion à la monotonie du paysage. La forêt n'est pas toujours sans grandeur ; quelques arbres séculaires clair-semés se détachent çà et là sur la broussaille. A gauche, quelques échappées laissent entrevoir l'espace compris entre Albano, Porto d'Anse et Ardée. Il en est de ces perspectives qui ne sauraient se comparer qu'à certains sites de la Mitidja en Algérie.

Vers la tour San Lorenzo, poursuivis par le souci de nous trouver face à face avec des buffles libres, dangereux par conséquent, nous avançons l'œil ouvert et l'oreille tendue, toujours prêts à sauter sur le premier arbre venu à la moindre alerte ; mais tout se passa sans accident à travers ces parages boisés, habituellement fréquentés par ces dangereuses bêtes, et sans qu'il s'en rencontrât une seule. Le guide, pour intéresser notre route ou pour se donner du cœur, avait raconté quelques épisodes d'Inglèse (Anglais) étouffés par ces redoutables animaux. Là comme partout à l'étranger, c'est toujours quelqu'un de ces flegmatiques enfants d'Albion que l'antipathie universelle voue aux dieux infernaux.

Un chasseur anglais, selon notre homme, ayant été surpris par un buffle près San Lorenzo, était déjà sous les pieds de l'animal, quand survint son compagnon. Celui-ci tira un coup de feu sur la bête dont la peau ne fut pas même entamée et sans que l'œuvre homicide fût suspendue un instant. Le buffle étouffe ordinairement sa victime en lui appliquant son lourd museau sur la gorge jusqu'à ce que mort s'ensuive.

La préoccupation et le souci de pareilles aventures pour nous-mêmes surexcitaient notre allure à ce point que celui-là qui devait nous montrer la route avait la plus grande peine à nous suivre; il fallut ralentir le pas avec d'autant plus de raison que notre homme della cattiva aria, comme celui qui nous avait accompagnés déjà d'Ostie à Pratica quelques jours auparavant, menaçait de défaillir. Avant de partir pour une course de quatre à cinq heures dans un désert, il n'avait pas eu, disait-il, la précaution de se nourrir un peu. Un flacon de vin, précieusement réservé pour les plus extrêmes calamités, et dont s'était muni M. de la Chapelle, fut employé à rendre quelque ressort à ce Romain dégénéré ; mais quand celui-ci eut recouvré l'usage de ses jambes, ce fut le tour de mon jeune compagnon d'en manquer, et l'on n'avançait plus. J'étais toujours en tête et les autres à cent ou deux cents pas derrière moi. Quand le besoin de causer se faisait sentir à l'avant-garde, il fallait attendre les traînards et le plus souvent les appeler pour qu'ils ne s'arrêtassent pas, par cela même que la tête de colonne s'arrêtait la première; sans cette attention, j'aurais fait le voyage d'Ardée à Porto d'Anse le plus silencieusement du monde. Quand, par hasard, à force d'attendre, j'étais parvenu à rallier notre monde, ce n'était que pour un temps, j'avais toujours l'air de le traîner comme on traîne une barque avec une corde. Insensiblement, celle-ci s'allongeait sans cesse et l'on ne tardait pas à laisser subsister entre chacun de nous trois un intervalle qui ne se comblait qu'autant que le plus avancé voulait bien faire halte et laisser venir.

Un peu au delà de la tour San Lorenzo, on traverse une solfatara marécageuse environnée de gros bétail; il fallut encore s'entourer de toutes les précautions inspirées par la plus vulgaire prudence. Nous avions déjà lieu de penser que tous les périls du désert romain étaient conjurés, nous sortions du bois pour entrer dans la campagne découverte. L'on était désormais hors de l'atteinte des buffles. Une pluie battante embarrassait notre marche; n'était-ce pas assez de misère ajoutée aux préoccupations de notre salut corporel dans ces régions mal hantées? Mais une autre épreuve m'attendait plus personnellement. En arrivant à 150 pas de l'une de ces cabanes coniques en roseaux, qui sert d'habitation aux bergers, une vingtaine d'énormes chiens blancs et noirs à longs poils, portant tous au cou une espèce de massue de bois flottante, se précipitent sur la route que je suivais seul, 2 ou 300 mètres cette fois en avant de mes compagnons poussifs, et me barrent le passage. Je les tiens en respect le fusil à l'épaule, prêt à faire feu sur celui qui approcherait par trop près. Je les vis ainsi à 15 ou 20 pas, hurler sur tous les tons, pendant trois minutes peut-être qui me semblèrent des heures, jusqu'à ce qu'enfin le plus gros de la troupe se détacha de la bande et vint me tourner. J'étais désormais dans une enceinte de chiens, exposé à être dévoré si je reculais d'une semelle.

J'étais résolu à faire feu, quand tout à coup la voix d'un berger se fit entendre; les chiens m'entouraient toujours, mais semblaient balancer entre la satisfaction de me mettre en pièces et le regret d'obéir à leur maître. Celui-ci arrivait en courant; il était temps. Lorsqu'il tomba au milieu des chiens, j'allais tirer ou j'allais être mangé, car le cercle de gueules dans lequel je me trouvais enlacé se rétrécissait toujours et la plus rapprochée de moi n'était pas à trois longueurs de l'extrémité de mon arme; si j'avais tant différé de tirer, c'est qu'il m'était venu à l'esprit qu'après avoir tué un ou deux chiens, j'en aurais encore dix-huit au moins sur les bras et le fusil vide. Ma lance m'aurait été d'un faible secours, mon couteau poignard était dans ma poche; le temps de l'y prendre, de l'ouvrir, je serais hors de combat. Et puis mon manteau gênait mes mouvements; la pluie battante depuis vingt minutes l'avait rendu pesant; il m'aurait peut-être préservé de quelques morsures, comme celui d'un toréador le préserve de coups de cornes, c'était un bouclier presque.

Le maître des chiens était arrivé à propos en leur criant de rentrer et en me suppliant de ne pas tirer. Ce n'était pas le souci de ma personne qui le faisait accourir, mais la crainte, très judicieuse d'ailleurs, que je vinsse à lui tuer un ou deux serviteurs. J'enjoignis au drôle de ne pas s'éloigner tant que les chiens seraient à notre portée, le menaçant de lui servir un coup de fusil s'il ne tenait pas compte de mes exigences, et il resta près de moi tant que je le voulus. Enfin il n'y avait plus rien à redouter, mes compagnons me rejoignirent. La pluie tombait toujours ; drapé le plus hermétiquement possible dans mon caban et la lance sur l'épaule, le fusil souvent au cou, notre route se continua sur Porto d'Anse au pas accéléré pendant les deux ou trois kilomètres qui nous séparaient de notre but.

Rendu à la méditation après l'épreuve que nous venions de faire de l'un des plus grands dangers de la campagne de Rome, je m'applaudissais de l'excès de précaution qui m'avait porté à me munir de l'autorisation de circuler armé dans de tels coupe-gorge et d'en avoir fait usage. Sans le fusil dont j'étais porteur à l'attaque des chiens en avant de Porto d'Anse, le berger ne se serait pas dérangé à coup sûr, et j'eusse été dépecé comme tous ces Anglais dont parlent les cicerone, et j'aurais servi de thème à un récit nouveau. Au lieu de tout cela, j'emportais avec moi cependant un cuisant regret, celui de n'avoir pas tué un chien, et je l'ai regretté longtemps !

Enfin nous apercevons le petit pavillon qui semble la sentinelle avancée de Porto d'Anse. Après avoir longé impatiemment les importunes murailles qui rendent les abords de toutes les villes ou bourgades d'Italie si ennuyeux, nous touchions à la ville elle-même que notre guide était encore bien loin en arrière, tirant la langue comme un pendu, mais toujours dramatiquement enveloppé dans l'indispensable manteau des hommes du midi de l'Europe.

VII

Parvenus en face de la caserne principale, occupée par l'artillerie, nous demandons qu'une locanda nous soit indiquée. Des crétins de soldats nous répondent qu'ils n'en connaissent pas, qu'il n'y en a pas, et il pleuvait à torrents, comme il pleut en Italie, et l'hôtellerie principale de Porto d'Anse, sans insigne révélateur de son existence, était là sous nos yeux en face de la caserne même.

Si dur qu'il soit de croire à tant d'ignorance des choses qui les entourent chez des désœuvrés comme ces infirmes ou ces malveillants à qui nous venions de nous adresser, à défaut de tout autre sujet en évidence par qui nous faire renseigner, il fallut descendre dans la ville pour chercher.

Après dix minutes de perquisition dans Porto d'Anse, nous n'avions encore découvert que quelques cabarets fréquentés par des pêcheurs, et ce fut l'un des habitués de ces taudis qui nous nomma enfin une albergo (auberge) dans la direction de la caserne d'artillerie où nous nous étions de prime abord adressés. Il pouvait nous dire purement et simplement : le grand hôtel est juste en face le quartier d'artillerie; nous serions allés seuls là d'où nous arrivions; mais il voulut nous y mener ; c'est que les paroles ne se paient pas en Italie où l'on bavarde beaucoup pour ne rien dire, et où l'action seule s'escompte cher, comme dans tous les pays où la paresse est universelle, et notre guide improvisé tenait à gagner honnêtement quelques baïoques. Aussi, après nous avoir fait passer d'un air triomphant et narquois en même temps sous le nez même de ces soldats abêtis, nos interlocuteurs quelques instants auparavant, il nous introduisait, à quinze pas d'eux, dans l'osteria dont ils semblaient avoir voulu nous dissimuler l'existence. Notre pêcheur, avant que nous fussions introduits, conversa quelques instants avec l'hôtesse, et puis, pour remplir en conscience sa mission jusqu'au bout, il escortait ses forestieri jusque dans leur chambre à coucher même où il reçut son salaire et nous, ses offres de service pour tout le temps de notre séjour dans le pays.

L'hôtelière, sans trop de discours, cette monnaie de singe si mal appréciée quand on est mouillé comme Gribouille, nous organisa incontinent un brasero dans la salle au tapis vert, comme si nous fussions des sous-préfets indigènes, et, comblant tous nos vœux, nous servit à déjeuner.

Nonobstant la pluie et la tempête, le reste du jour fut employé en alternatives de repos et d'allées et venues vers le port, au milieu des galériens, des pêcheurs et des matelots qui se ressemblent tous à s'y méprendre. Il n'y a que les pays à castes pour fondre toutes les catégories de gens dans un même moule, et pour supprimer de fait tout ce qui est de droit : Ex-bandits expiant leurs méfaits comme on acquitte une dette ; soldats de terre et de mer subissant leur sort moins philosophiquement, à coup sûr; marins libres ou non, particuliers de la ville ou de la campagne, tout semble vivre ensemble en parfait accord ; les uns portent des fers et les autres n'en portent pas, voilà toute la différence ou à peu près. La petite ville de Porto d'Anse peut renfermer 2 ou 300 citadins, 2 ou 300 pêcheurs, 2 ou 300 militaires ou galériens ; tout cela grouille et fraternise ensemble, les uns dans des maisons de ville assez bien bâties, les autres dans des huttes coniques de paille toutes massées les unes à côté des autres ; les galériens, les douaniers et les militaires enfin vivotent sous le même toit dans le bagne, les casernes ou autres constructions de l'État, toutes aussi plaisantes à habiter les unes que les autres.

Quelques jolies villas appartenant aux Borghèse, aux Albani, à l'air délaissé, ne déparent pas le paysage. Des ruines romaines sur toute la côte et plus particulièrement en face la locanda de *Gregorio-Magnani* où nous sommes descendus, des vestiges de bains avec quelques colonnes encore debout, la mer au sud et à l'ouest, la campagne au nord et à l'est, telle se résume la physionomie des localités qui nous entourent.

La mer était mauvaise, les vagues éclataient sur la digue du port avec une fureur d'équinoxe, les mouettes, en rasant la surface moutonneuse, avaient l'air de narguer l'ouragan. Ce spectacle toujours si imposant des flots courroucés nous fit un instant oublier que le but de notre excursion était essentiellement territorial.

La soirée se passa au coin du feu avec notre hôte. Le chef de la famille était employé à Nettuno comme secrétaire de mairie (du Prieuré); c'est un bonapartiste enthousiaste; il parle du premier Empire avec béatitude. Il a des extases devant les portraits de Napoléon Ier et de Marie-Louise, qui décorent ses plus belles chambres.

L'aîné de ses fils, un jeune mirliflore, est employé à la douane de Porto d'Anse, et le dernier né me fait tout l'effet d'un fléau de famille en herbe. Il a seize ans (1853); il ne cherche qu'à jouer avec mon fusil; on dirait qu'il n'a jamais rien vu de pareil, et, en même temps, il emploie tous les moyens imaginables de m'extorquer de la poudre et des capsules.

De ses filles, l'une, résidant alors à Rome, a épousé un capitaine espagnol au service du pape; c'est une alliance qui flatte manifestement la maison; deux autres sont souffrantes des terreurs que quelques chiens de la campagne leur ont fait éprouver les jours précédents; elles gardent le lit. La mère est une grosse matrone romaine comme il y en a tant.

Le lendemain de notre arrivée à Porto d'Anse, le temps, redevenu meilleur, nous permit de visiter les falaises et les ruines du bord de la mer. Jusqu'à Nettuno, le trajet est de deux ou trois kilomètres; nous visitâmes la vieille et la nouvelle ville, le château fort, maintenant habité par trois ou quatre militaires du corps de l'artillerie, la femme et quelques enfants de l'un d'eux.

Du château de Nettuno la vue est belle et s'étend sur la mer Tyrrhénienne au midi, sur le mont Circée et la tour Astura au sud-est, sur les bois, sur la campagne cultivée et sur les montagnes de Sonino à l'est, sur le Monte Cave au nord.

Dans nos tournées dans toutes les directions par les plus sinueuses ruelles de la vieille ville, toute la population semblait voir en nous des êtres à l'aspect desquels elle ne fût pas familiarisée. En représailles, nous ne nous privions guère du plaisir de considérer tout à notre aise quelques jolis types féminins, au costume local, qui se montraient volontiers aux fenêtres comme pour solliciter la curiosité des passants.

Une église toute moderne, comme on les multiplie si libéralement en Italie et ailleurs, n'a rien d'intéressant. Il en existe une toute pareille à Saint-Germain-en-Laye, et ce n'est pas pour conduire les amateurs de belles constructions et les Anglais voués à user leurs ennuis à l'inspection de tous les monuments publics que le chemin de fer atmosphérique a été inventé. Il n'y avait donc pas de raison pour nous de rester ébahis devant la chiesa nettunienne. Il faut bien se garder d'aller en Italie pour voir du neuf. Rien qui vaille qui ne soit vieux dans ce pays-là.

La campagne de Nettuno, dans un rayon de deux ou trois kilomètres, se cultive comme certains territoires ruraux du midi de la France, en vigne, en blé, en oliviers, en pâturages. Elle suffit à tous les besoins de la population. Les vins du cru ne sont pas à dédaigner. Au delà de la zone cultivée l'on entre dans les forêts de Campo Morto.

Après avoir scruté les alentours ruraux, nous reportâmes notre attention sur le littoral. Ces lieux, si près de Rome et si dédaignés ou méconnus, offrent à considérer, comme aux embouchures de tous les fleuves, des phénomènes du plus puissant intérêt. Ces sables humides, ces petits torrents qui descendent des forêts à travers les dunes après les grandes pluies et qui se dessèchent en partie ou disparaissent en totalité dans la sécheresse, ces troncs d'arbres noueux charriés par les grandes eaux, et qui sont si multipliés sur les côtes de Nettuno à Astura, comme sur les bords et à l'embouchure du Tibre, fournissent la clef des transformations journalières du sol dans toutes les situations de ce genre. Ce qui donne à penser qu'à de certaines crues d'eau, ces petits rus du littoral ne sont pas toujours si modestes que l'on puisse les franchir comme nous le faisions avec un long bâton ou en ayant de l'eau jusqu'à la cheville, c'est qu'il existe à de certains passages des ponts en maçonnerie, mal entretenus il est vrai, mais qui n'ont pas été posés là par agrément dans une contrée où l'on ne se décide jamais à bâtir que sous la pression d'inexorables nécessités.

Quelques-uns de ces filets d'eau se perdent dans le sable à vingt ou trente pas du rivage de la mer proprement dit, et donnent ainsi la notion, sur une échelle réduite, de la disparition de quelques bras du Nil ou du Rhin, de l'Escaut, du Kephissos (Attique) et du Danube, dans les alluvions de leurs delta.

Pour assurer la circulation des piétons, des cavaliers même ou du bétail sur le littoral, des passerelles ont été construites anciennement sur quelques-uns des points les plus importants de ces divers torrents, l'une à deux kilomètres de Nettuno environ, l'autre à une heure de marche au delà de la première, en allant sur Astura. Et dans les vallons qui s'ouvrent à la mer existent, en amont du cours des principaux ravins, quelques travaux du même genre encore. Généralement, ils sont tous assez mal soignés, à ce point qu'en traversant le passage qui se trouve à six kilomètres environ de Nettuno, nous nous demandions très sérieusement s'il durerait encore au retour.

L'eau de ces divers ruisseaux semble couler par à coup; les crues sont successives et rémittentes; et l'on peut presque toujours, en choisissant bien son temps, passer presque sans être mouillé là où une seconde plus tard on serait inondé jusqu'aux genoux.

Livrés à l'examen de toutes les singularités de ces mystérieux rivages, nous nous oublions à marcher toujours vers la tour d'Astura qui nous paraissait d'abord si proche, tant cette transparente atmosphère des climats chauds illusionne l'œil en matière de distance ; nous marchions toujours, étourdis par le mouvement et le bruit des flots qui venaient mourir à nos pieds sur la grève, tour à tour ramassant des coquillages dans le sable, ou le regard fixé sur ces constructions sous-marines que la limpidité des eaux laisse voir sur tous les points de la côte à chaque retrait de la vague. L'obscurité était imminente, et nous étions sur des plages aussi infâmes pour leurs nocturnes fraîcheurs que par l'équivoque moralité de leurs invisibles habitants. Nous constations, une fois de plus encore, l'analogie des rivages et des dunes que nous avions sous les yeux avec le littoral d'Afrique, du Bouzareah à Cherchell, ou plutôt avec celles qui m'étaient le plus familières et qui règnent d'Alger à Teffésad, vers Zeralda, Staouéli, Douaouda et Fouka plus spécialement.

Tout confirme, dans de pareilles localités, que les alluvions perpétuelles apportées par les cours d'eau et par les sables rejetés à la côte par la vague doivent nécessairement ajouter à la plage et faire que celle-ci gagne chaque jour l'espace perdu par la mer.

Là les maremmes suivent la même progression d'agrandissement que sur d'autres points de la côte Italique. Si, selon les appréciations de Bonstetten, la lieue carrée de terrain formée sous la ville d'Ostie, par exemple, est réellement l'ouvrage de trois mille ans; si la côte de Laurente, de 9 à 10 lieues de long sur trois quarts de lieue de large, se compose de dépôts semblables à ceux de la côte d'Ostie, rien ne s'oppose à ce que l'on considère toutes les plages Pontines comme des atterrissements. Rien, dans tout ce littoral, d'ailleurs, qui décèle aucune trace volcanique.

Toutes les tours du bord de la mer, de mémoire d'homme même, s'éloignent tous les jours davantage de ces mêmes flots qui les ont successivement baignées toutes.

Attardés dans ces perfides solitudes avec la perspective de n'en plus pouvoir traverser les cours d'eau s'ils venaient à grossir avant notre retour, il me souvenait alors d'avoir maintes fois, dans un autre continent, traversé le matin, presqu'à pied sec, des torrents descendus de l'Atlas que, le soir, quand il avait plu dans la montagne, il était absolument impossible de franchir sans radeau : il importait donc de faire diligence pour regagner le temps trop vite écoulé.

A l'aide d'un de ces soleils couchants rapides, mais si beaux, qui nous prodigua ses dernières lueurs jusqu'au haut des mouvantes et dangereuses falaises de Nettuno, jusqu'en vue de la villa Borghèse, nous regagnâmes notre asile sans accidents et satisfaits d'avoir échappé à la nécessité de passer une mauvaise nuit sur les mosaïques de la villa de Cicéron. La soirée put encore se terminer dans la contemplation d'un clair de lune éclatant, admirable surtout des hautes rives de Porte d'Anse.

VIII

Le lendemain nous allions droit à Astura par le

littoral, là où vient aboutir l'une des plus mystérieuses et des plus étranges ouvertures d'écoulement des eaux Pontines.

Après quatre heures de marche sur le sable, ferme là où il était mouillé par les vagues, mouvant partout ailleurs, nous nous introduisions dans la tour où l'on pénètre, comme dans toutes celles de la côte, sans jamais rencontrer personne, qu'autant que l'on veut absolument y trouver ceux qui y terrent.

Toutes ces tours des bords de la mer dans l'État pontifical ont une physionomie commune comme construction, mais le site de la tour d'Astura diffère du plus grand nombre, de la tour San Michel, par exemple, située au milieu des broussailles, en ce sens que la première est assise médiatement sur roche et immédiatement sur des vestiges considérables d'anciennes constructions romaines, une villa de Cicéron, dit-on, et à l'extrémité sud d'une langue triangulaire de sable dunier, dont la base appuie au nord sur les forêts du littoral appartenant aux Borghèse livrées à un mode d'exploitation, inintelligent, paresseux et dévastateur au plus haut point.

On arrive dans la tour proprement dite par un pont qui la rattache aux sables de la terre ferme; c'est une situation insulaire complète.

Après avoir parcouru les plates-formes désertes, il était selon les convenances et surtout selon notre curiosité de voir quelque habitant de cet intéressant séjour. En conséquence, le chef de poste, sous-officier pontifical, reçut notre visite comme celui de la tour San Michel l'avait reçue quelques jours auparavant, et l'on causa. Poussé à bout sur la question de la salubrité des lieux, il affirmait que les fièvres, la malaria ne venaient jamais visiter les hôtes d'Astura et sa physionomie ne démentait nullement ses assertions, bien qu'il demeurât là depuis plusieurs années. Rien de plus selon les conditions d'une bonne hygiène, en effet, que la situation de la tour Astura; c'est celle d'un vaisseau échoué sur un banc à proximité de plages, marécageuses il est vrai, mais au sud des foyers d'infection, par conséquent sous le vent du nord qui les traverse et qui balaye plutôt les miasmes qu'il ne les apporte. M. de la Chapelle voulut se faire expliquer ce qu'il pouvait y avoir de fondé dans les récits de M. Didier qui font de la tour d'Astura jadis un lieu de rendez-vous des carbonari italiens; il nous fut répondu qu'il n'était jamais venu dans la localité que des *forestieri* (étrangers) en partie de plaisir, souvent munis de bonnes et abondantes provisions de bouche et d'excellents vins de France. Quant à des conspirateurs, Astura n'en avait jamais reçu dans ses murs. Encore une histoire d'opéra-comique à supprimer, s'il faut en croire le sergent.

Après avoir suffisamment contemplé, du haut de la tour, les splendides horizons qui l'entourent, le mont Circée, trois ou quatre petites îles bleues à une douzaine de lieues en mer, les montagnes de Sonino jusqu'à Cori sur les pentes desquelles on distingue parfaitement trois ou quatre villes, après avoir assez examiné un rivage boisé jusqu'à Terracine, qui forme, de l'intervalle compris entre Astura et le mont Circée, une magnifique baie espacée de tourelles, nous détachant avec peine de perspectives non moins variées vers Monte Cave, Nettuno et Porto d'Anse, nous quittâmes enfin la forteresse pour, à travers d'énormes ondulations de sable, nous diriger vers l'embouchure du fleuve dont les eaux jaunissantes du littoral révélaient le voisinage.

Le fleuve Astura, à son embouchure dans la mer, produit le même effet que le Tibre, mais dans un rayon d'une lieue carrée tout au plus.

Nous étions sur ses bords après une demi-heure de marche; un nombreux troupeau de bêtes à cornes avait pris la fuite devant nous; un vieux pont rompu tout couvert de ronces nous arrêta. Nous fîmes quelques pas sur ses ruines avec circonspection, mais sans pouvoir y découvrir le moindre indice de vénérable antiquité. Il n'y a pas lieu de penser qu'il soit d'origine romaine; sa physionomie n'a rien des proportions monumentales des vieilles constructions du peuple roi.

Un soldat de la tour d'Astura, qui portait une dépêche arrivée en même temps que nous de Porto d'Anse, nous conduisit jusqu'au gué qui lui était familier et dans lequel il s'engagea pour passer sur l'autre rive, nonobstant la saison et la fraîcheur des eaux; immergé jusqu'au cou et soulevant au-dessus de sa tête ses hardes réunies en paquet, il fut bientôt loin de nous; il avait deux lieues à faire pour gagner la tour voisine à travers les marais Pontins, il dut revenir par la même voie.

Dans tout autre pays, pour le service des correspondances officielles, on serait au moins muni d'une barque quelconque affectée à ce passage. C'est trop simple pour qu'il en soit de même chez un vieux peuple tombé en enfance que chez des modernes en pleine virilité. Hiver comme été, à l'époque dangereuse des inondations, comme en temps de sécheresses calamiteuses, il n'y a pas d'autre manière que celle des canards ou des crocodiles de traverser les torrents pour les estafettes pontificales dans ces lieux déshérités. Cependant, en remontant à quelques centaines de pas au delà, à travers des prairies marécageuses, on aperçoit un bac amarré sur la rive opposée, et comme il faudrait se jeter à l'eau pour l'aller chercher, dénué qu'il est de toute espèce de préposé à son usage, c'est un instrument parfaitement inutile dans les conditions particulières de son installation, exactement comme la machine russe à draguer de la Sulina il y a quelques années et comme les lanternes de Falaise du vieux temps.

IX

En poursuivant plus loin, on arrive à l'un des petits bras de l'Astura que l'on franchit sur une passerelle de bois en mauvais état, et l'on descend en plein marais Pontin, au milieu d'une immense prairie d'une luxuriante verdure, toute couverte de bêtes à cornes, et défendue de l'invasion des grandes eaux par une forte digue faite de main d'homme.

Cette digue longe le petit bras du fleuve aussi loin que l'œil peut la suivre, et les pâturages qui l'avoisinent dépendent de la ténuta de Conca, située au sud-est de celle de Campo Morto. Ces magnifiques prairies, immenses, traversées par plusieurs cours d'eau, bordées d'une lisière de forêts et peuplées de gros bétail, qui commence par nous examiner avec hébétude et qui fuit notre approche, ont l'aspect des plus beaux herbages du Cotentin. Au loin, les roseaux révèlent le marécage. Sur un plan un peu plus élevé et dans tous les sens, les bois ; par-dessus la cime des arbres, les montagnes bleues ferment l'horizon au nord. Monte Circeo est au sud, Monte Cave et les Apennins sont à l'est. Un peu plus avant, sur un sol inégal et sablonneux à la fois, se rencontrent des forêts d'une végétation languissante, et, dans les bonnes alluvions des points déclives, des blés magnifiques qui alternent la possession du meilleur terreau avec le maïs, les pâturages, le riz, l'avoine et les fèves.

C'est sur l'emplacement de ces deux grandes fermes de Campo Morto et de Conca que fut Corioles, entre Cisterna actuelle et la mer. Les autres cités volsques, Suessa, Pometia, Longula, Mugilla, Ninfa, comme Corioles leur métropole, suivant ceux qui en contestent la qualité à Velletri, n'ont laissé nulle trace de leur réalité dans ces régions maintenant abandonnées.

Tout le pays volsque était, il y a quatre-vingt-dix ans, affermé 25,000 fr. par la maison Caetani et 7,000 fr. environ par la chambre apostolique, en tout 32,000 fr. à peu près, à des pêcheurs infiltrés, exténués par la fièvre, aussi misérables que les autres habitants du pays Pontin, toujours si hideux à voir.

En 1766, les travaux de canalisation des marais des diverses époques étaient presque anéantis, le sol inondé sur une foule de points. Des barrages arrêtaient l'écoulement des eaux et retenaient le poisson. Quelques barquettes chargées de charbon naviguaient péniblement sur les eaux de l'Uffente et de l'Amazena ; les canaux de Céthégus et de Sixte V n'étaient que vase et roseaux ; la via Appia avait disparu dans la boue.

En 1781, Pie VI apporta momentanément quelques améliorations à cet état de choses. Sous l'Empire, on fit quelques travaux que les événements de 1814 suspendirent, et puis les buffles restèrent seuls chargés de désobstruer les canaux. Sans eux, les cours d'eau infestés de plantes marécageuses quitteraient leurs lits.

X

La ferme de Campo Morto, la plus considérable de la province, sur les terres de laquelle nous avions déjà fait quelques explorations, n'a pas moins de 8,000 hectares; elle appartient au chapitre de Saint-Pierre.

Celle de Conca, qui lui est contiguë, est moins considérable; toutes deux se régissent comme toutes les exploitations agricoles de l'Agro-Romano, à peu de variations près.

La ferme se compose en général de terres arables, de prairies, de pâturages permanents, de bois et de broussailles. Elle a pour centre un petit château crénelé (casale) et des bâtiments annexés.

Les ouvriers temporaires de l'époque des semailles et de la moisson n'y trouvent jamais que d'insuffisants abris en paille ou en roseaux, élevés çà et là dans les champs. Un nombreux bétail y vit à peu près constamment à l'air; les chevaux, les bœufs de travail ou les vaches pleines et laitières exceptés.

Ces immenses surfaces de terres arables et de prairies des fermes de la campagne romaine n'ont jamais la vingtième partie des bâtiments d'exploitation des fermes du Soissonnais ou de la Brie, pour une même étendue de terrain cultivé.

Pas le moindre village dans ces plaines, depuis les maremmes de Toscane jusqu'à Terracine, qui semblent cultivées par des fées. Les rares employés permanents des fermes ne se préoccupent guère que du bétail et ne vont pas à la charrue. Les vrais laboureurs viennent des hautes vallées du Tévérone, d'au delà de Subiaco et les moissonneurs, de plus loin encore. Les uns et les autres ne restent pas plus de six semaines en tout en été et en automne sur les terres qu'ils fertilisent et où ils moissonnent, et, pendant tout le temps de leur emploi à ces divers travaux de la semaille et des récoltes, ils couchent où ils peuvent, où le sommeil les prend, le plus souvent sur la terre nue. Et cependant les papes ont tenté par divers moyens de leur faire organiser des abris. L'administration française, en 1814, ordonna ce que les papes avaient prescrit, et les choses n'ont pas changé cependant dans ce pays de chronique et de traditionnelle incurie. Présentement encore l'administration pourrait imposer aux possesseurs du sol des obligations qui leur fussent profitables en même temps qu'elles préserveraient les moissonneurs des affections pernicieuses qui les déciment ; elle croit avoir assez fait en envoyant relever les morts et les mourants dans les sillons, pour les transporter péniblement, à dix lieues de là, dans les hôpitaux de Rome. On use des sommes considérables à une œuvre réparatrice de misères inouïes qu'il serait infiniment plus rationnel et plus économique de prévenir par une prophylaxie bien entendue ; mais rien ne se modifie dans cette Turquie chrétienne ;

comme à Stamboul, tout s'immobilise et rétrograde par conséquent, jusqu'à ce que tout tombe de vétusté et d'usure chez les uns comme chez les autres sujets de ces théocraties qui ont des prétentions à l'immutabilité pour eux seuls.

Ces terrains de Campo Morto et de Conca, que nous venons de parcourir, se sont affermés de 10 à 18 fr. l'hectare, et je ne répondrais pas que les cours se soient toujours cotés aussi haut. Ceux qui se louent 18 fr. l'hectare sont ceux qui peuvent supporter l'assolement triennal, les meilleures alluvions à l'abri de toute chance d'inondation.

Les 8,000 hectares de Campo Morto étaient affermés 120,000 fr. en 1814.

Dans ces vastes exploitations, l'élève du bétail prime toute autre combinaison industrielle ou rurale, et c'est parfaitement rationnel. La main-d'œuvre est trop chère là où il n'y a pas de population agricole en résidence fixe ; c'est la vie pastorale, contemplative, paresseuse, obligée des diverses conditions du pays, du sol et du climat, sans les inconvénients de la vie nomade. Pour cela, il faut de grandes avances, car les profits ne sont qu'à longue échéance, et ce sont des espèces de banquiers, négociants, armateurs et agriculteurs en même temps qui en soumissionnent l'entreprise. Les *mercanti di campagna* produisent du bétail surtout et des céréales quand même sur un terrain donné ; les bords de la Méditerranée sont leur marché; nul ne saurait bien gouverner tant d'intérêts compliqués sans de solides connaissances, du jugement, de l'activité, une santé de fer et des capitaux considérables. Il en est, de ces exploitations, comme celle de Campo

Morto par exemple, qui exigent 5 à 600,000 francs d'avances.

Nos cultivateurs du nord de la France ne seraient guère de force à rien oser de pareil avec les faibles ressources dont ils disposent isolément.

XI

Les *mercanti di campagna*, comme il en a déjà été fait mention plus haut, forment une corporation parfaitement unie et maîtresse du marché, vis-à-vis de laquelle nulle concurrence rivale ne saurait s'élever. Un certain nombre d'entre eux habitent Rome même, les autres ailleurs. Les propriétaires exploitant par eux-mêmes ne sont pas nombreux.

Sur chaque ferme il existe en permanence un représentant des *mercanti di campagna* ou des propriétaires que l'on qualifie de *ministro*, c'est là le véritable fermier. Celui-là se soustrait souvent à l'influence du mauvais air par un bon confortable, une bonne alimentation, un bon régime. Il a sous ses ordres : 1° un maître laboureur, 2° un chef de haras, 3° un maître vacher; 4° un chef de bergers, tous bien rétribués, jusqu'à 2,000 fr. l'an chacun dans les grandes exploitations.

Chacun de ces divers chefs de catégorie a des subordonnés, une véritable hiérarchie, des cadres de 30 à 40 individus bien payés et qui n'ont d'autre mission que celle de la direction des diverses branches du service.

Les bergers, les vachers, les voituriers attachés d'une manière permanente à la ferme viennent ensuite. Et, comme le principe de la division du travail est pratiqué dans toute sa rigueur, le personnel des gens de peine est nombreux. Nul, une fois son œuvre accomplie, ne vient en aide à celui qui est en retard.

Toute cette domesticité est bien traitée, avec douceur même, et c'est dans son sein que se recrutent les employés supérieurs des fermes. Elle fait des économies et arrive à une certaine aisance.

Les bergers sont le plus souvent des montagnards de vers Aquila. Les garde-bois et les gardiens de bestiaux qui ont un service souvent périlleux à faire sont ordinairement d'assez mauvais garnements qui ont eu des démêlés avec la justice et qui se réfugient dans la makia ou dans les fermes éloignées pour se préserver du bagne.

Les bandits trouvent donc dans les forêts du vieux Latium, dans la nécessité d'une profession dangereuse, une espèce d'expiation à leurs fâcheux antécédents. Les fermiers n'ont pas toujours à se louer de tels serviteurs, mais qu'importe ; à défaut de braves gens d'humeur à risquer leur vie à chaque pas au milieu du gros bétail, il faut souvent bien accepter, mais non sans défiance, les services de malfaiteurs impunis.

Enfin, il y a les ouvriers à la tâche et à la saison : ce sont les ouvriers des semailles et de la moisson ; les premiers se recrutent à Rome ; les autres, on va les embrigader dans les vallées du Sacco, de l'Anio ou du Vélino, dans la marche de Fermo et d'Ancône, vers Molise et Aquila (royaume de Naples), jusqu'à 40 lieues et au delà des fermes où ils doivent être employés.

Chaque fermier recrute habituellement sur tel ou

tel point et sans jamais songer à prendre les bras dont il a besoin là où l'un de ses pairs recrute ordinairement les siens ; et si, par hasard, l'un d'eux vient à ne pas pouvoir compléter le contingent d'ouvriers qui lui est nécessaire, les ouvriers accidentels auxquels il est forcé d'avoir recours ne se louent alors qu'à des conditions si exorbitantes que l'administration doit intervenir.

C'est le caporal de la bande ainsi recrutée qui surveille les travailleurs.

A l'inverse de ce qui précède, quand, par hasard, les ouvriers étrangers excèdent la demande, il en résulte des conséquences non moins singulières. Ces bras sans emploi ne restent pas oisifs; pour faire leurs frais, ils se livrent à la maraude des grands chemins jusqu'à l'instant où, avec les autres compagnons de plus noble labeur, les travaux des champs finis, tout le monde regagnera le haut pays à la fois, à la satisfaction surtout d'une police expectante pour eux seuls et dont la plus palpable mission réside dans le visa chèrement rémunéré et vexatoire de ridicules passe-ports.

Vers 1852, un agent comptable de l'administration de l'armée française d'occupation est arrêté entre Rome et Civita-Vecchia par des rôdeurs qui le dépouillèrent sans le mettre tout à fait hors d'état de continuer sa route. Arrivé à destination presque nu, celui-ci s'empresse d'aller faire le récit de son aventure à l'employé supérieur de la police en demandant réparation. L'autorité avait écouté avec recueillement; elle répondit avec onction : « Que voulez-vous, ça durera quelques semaines encore !... » Et, pour entièrement abasourdir l'auditoire ingénu et stupéfait, joignant une dolente grimace locale à la parole, elle ajouta : « Il y aura de pauvres gens sans feu ni lieu dans la campagne jusqu'au départ des manœuvres, il faut bien que tout le monde vive ! » Telle est la paraphrase actuelle du *Se fusse spinelli*[1] d'autrefois.

Les travaux d'hiver de l'Agro-Romano n'emploient pas moins de 30,000 ouvriers, ceux de la moisson de même. Par le beau temps on campe sous des baraques en roseaux improvisées, souvent même on dort en plein air. Le montagnard descendu momentanément à la plaine, suffisamment avisé pourtant, répugne au plus haut point à l'idée que les douces et tièdes nuits des campagnes latines puissent mettre sa santé en péril, et il l'expie souvent sans profit pour ceux qui viendront lui succéder dans la même tâche. Le caporal, lui, a sa tente. Quant au régime alimentaire, il n'est pas bien compliqué; chaque bande a ses marmites; on fait la polenta.

Tous ceux que la fièvre atteint trouvent un abri momentané sous la tente du caporal, de l'eau acidulée pour apaiser la soif qui les dévore. A la fin de chaque jour une charrette passe et les prend, pour les transporter à l'hôpital voisin, à dix ou douze lieues de là, quelquefois assez loin pour qu'il en meure souvent en route. D'autres vont expirer dans un fossé, dans la makia. Une confrérie a la mission de relever ceux qui succombent ainsi.

La vie de ces pauvres moissonneurs de la campagne romaine n'est qu'une suite de peines et de souffrances. Aussi quand le travail est terminé, quand il s'agit de retourner aux montagnes, ceux qui sont restés valides délirent de joie; les chants, la danse au son des instruments, accompagnent les bandes décimées qui retournent avec quelque pécule dans leurs pauvres demeures, aussi joyeux que s'ils venaient d'échapper à quelque grande catastrophe.

Cette misérable condition des ouvriers de la terre pourrait être rendue très acceptable et presque exempte de dangers par la construction de bons abris et par une hygiène bien entendue, à l'usage des travailleurs; mais là, les antiques usages sont plus forts que la raison, et rien ne se modifie ni dans l'esprit ni dans les choses du pays. Le mal s'y éternise à côté du bien, et pendant que les autres contrées de l'Europe se transforment sous le coup d'innovations incessantes, tout se ronge et se détraque là d'où partaient autrefois les lois qui gouvernaient le monde. Dans des conditions plus satisfaisantes de bien-être pour les moissonneurs, on pourrait mieux faire à moins de risques, et le mal subsiste tel quel depuis des siècles.

De ces 300,000 hectares de plaines susceptibles d'être cultivées en blé, et dont la moitié est vouée à l'improduction dans le pays insalubre de l'Agro-Romano, l'emploi pourrait être plus fructueux, si de séculaires habitudes laissaient le champ libre à de plus rationnelles pratiques; mais la constitution territoriale du sol interdit qu'il en soit autrement, et les vieilles méthodes économiques et agricoles se perpétuent.

XII

Le bétail du vieux Latium est celui des poustas

de la Hongrie; les longues cornes de la race bovine ne sont pas moins belles aux rives de l'Astura que sur les bords de la Theiss. Les chevaux y sont à peu de chose près de même taille sinon de même race que ceux la Transylvanie, mais aussi infiniment moins communs dans les vastes pacages romains que dans les immenses prairies des grands affluents du Danube. Les buffles, dont la mission est de remorquer les bateaux du Tibre, de nettoyer les canaux pontins et de servir à tous les plus rudes travaux, sont plus spécialement confinés vers le littoral, du sud du Tibre aux marais Pontins.

Comme en Hongrie, tout cela vit en plein air; les vaches y mettent souvent bas. Des gardiens armés d'un fusil et d'une lance protégent les troupeaux contre les loups, et il n'est pas superflu qu'il en soit ainsi vers la lisière des bois surtout. Les meilleurs herbages sont affectés à l'usage des vaches laitières et des bœufs de travail, et, parmi les chevaux, ceux qui sont montés, seuls, mangent de l'avoine.

Vivant presque à l'état sauvage, toutes ces diverses bêtes se prennent au lacet quand arrive l'instant d'en tirer parti, et, parmi les pâtres qui se font une fête du périlleux métier de s'en rendre maîtres, il en est plus d'un qui n'en revient pas.

Les bêtes ovines de l'Agro-Romano, pour la plupart, n'y résident pas d'une manière constante; en juin elles retournent aux montagnes et ne reviennent qu'en octobre à la plaine et souvent de fort loin.

Le porc vit presque en liberté dans les bois et les chèvres abondent dans les montagnes qu'elles dénudent chaque jour davantage, comme par tous ces pays usés du vieux monde, jusqu'à ce qu'ils soient devenus entièrement inhabitables probablement.

De cette circonstance que le bétail abonde dans l'Agro-Romano par rapport à la population au moins et que l'industrie pastorale y est plus générale que la culture des céréales, il résulte que la viande ne s'y vend guère au-dessus de 90 cent. le kilogramme.

XIII

Les terres à blé dans la campagne romaine, comme il y a 2,000 ans, ne se fument jamais, elles ont bien assez le temps de se reposer pour que l'on puisse ne pas les engraisser. On brûle les chaumes, on enfouit les herbes et ça suffit. Le fumier de Rome que l'on ne jette pas dans le Tibre, on l'utilise dans les jardins. Toute la rive gauche du fleuve, au delà des abattoirs jusqu'à mi-chemin de Ponte-Molle, est le réceptacle obligé de toutes les immondices de la ville papale. Un cultivateur normand, mon commensal à l'hôtel de la Minerve, s'enfuit un beau jour de la ville éternelle, indigné du mauvais emploi des seuls produits réels bien positifs de la cité déchue et des outrecuidances agronomiques de la descendance indigne de Cincinnatus, son idéal.

Le fermier romain fait le moins d'avances possibles à la terre, il parcourt à cheval trois ou quatre fois par an son sol cultivable et ne l'habite jamais. Il coupe, détruit, épuise autant que le sol le plus riche peut être épuisé.

D'ailleurs, là où il n'y a ni habitants, ni petits propriétaires possibles, l'agriculture ne saurait prospérer, et, en conséquence, le prix des journées sera, en de certaines circonstances, si élevé que nul ne saurait achever à propos les ouvrages les plus nécessaires.

La grande propriété est trop exclusive dans l'Agro-Romano pour que l'état actuel des choses puisse changer.

Si le sol arable, dans la campagne de Rome, est opulent, toutefois il ne faudrait pas en conclure que la culture des céréales n'y fût pas sujette à quelques rudes servitudes particulières. Comme il y tombe un tiers de plus d'eau que dans le nord de la France et pendant un laps de temps très court, le cultivateur romain est en conséquence obligé aux plus grandes précautions en usage au temps de Virgile comme aujourd'hui. Ainsi ces grandes pièces de blé doivent être coupées, de grands, de moyens et de petits fossés destinés à recevoir les eaux surabondantes, et leur exécution n'est pas une petite affaire.

Les labours doivent être profonds et plus multipliés qu'en France, et comme la charrue des premiers temps est toujours la seule en usage, il faut y atteler souvent jusqu'à huit paires de bœufs à la fois.

Si le labourage à la vapeur est jamais applicable quelque part, l'auteur de *Rome contemporaine* l'a déjà fait observer, c'est dans ces vastes champs romains inondulés qu'il serait le plus réalisable au point de vue au moins de l'horizontalité de la terre arable. Mais, pour que la vapeur soit viable quelque part, il faut que le pays soit industriel, et Rome ne l'est guère, et Rome sans assistance étrangère, comme toutes les contrées où le soleil pourvoit libéralement à la félicité générale, est incapable, pour tout ce qui exige un rude labeur, de dépasser un niveau producteur qui aille au delà du nécessaire. Partout les priviléges offerts gratuitement par la nature sont des causes d'inaction, et Rome, par sa climature, son sol et les besoins qui en résultent, n'a que faire des manufactures de la brumeuse et splénique Angleterre.

La herse est sans emploi dans l'Agro-Romano; les foins se coupent à la faux, le blé à la faucille; celui-ci se bat sous les pieds des chevaux comme dans le midi de la France. La machine à battre pourrait être importée avec avantage sur les grandes exploitations; la réprobation qui pèse sur toute nouveauté s'y oppose invinciblement.

La culture du blé, en définitive, est coûteuse dans les plaines de Rome, c'est ce qui fait qu'aujourd'hui encore, comme du temps de Caton, il y a toujours plus de terre en pâturages qu'en céréales ; et si les marchands de campagne trouvent leur profit à l'exploitation du sol, ce n'est pas assurément dans la production de la céréale.

XIV

La Pastorizzia, elle au moins, donne des résultats infiniment meilleurs. Si les cultivateurs romains pouvaient s'y adonner exclusivement, à coup sûr ils s'abstiendraient de tout labourage et de tout ensemencement; mais, d'une part, il leur est imposé de produire une certaine quantité de grain, et, d'autre part, la culture du blé a pour effet d'améliorer en la renouvelant la qualité du pâturage. Ne serait-ce qu'en vue d'une telle fin, le labourage ne saurait trop s'encourager.

Toutes ces particularités de l'état agricole du pays romain se résument aussi complétement que possible sur les terrains des fermes de Campo Morto et de Conca; là, en dehors de la culture et des pratiques traditionnelles, c'est l'inconnu.

C'est une règle d'ailleurs contre laquelle l'humanité se raidit en vain, que la vie doit être toute spontanée dans les pays chauds, là où la nature pourvoit à tout. Elle devient industrielle, laborieuse, besogneuse, inquiète, prévoyante à l'excès là où la brume est un état atmosphérique normal et le soleil une exception. La vie manufacturière de l'Angleterre et de la Belgique serait impossible à tous les points de vue dans l'Europe méridionale, comme la vie andalouse serait impraticable dans le nord de l'Europe.

Aussi, quand, par dérogation aux inviolables lois de l'harmonie universelle, la vie de fabrique vient à s'implanter là où elle répugne aux mœurs, au climat et aux nécessités locales, la déception ne tarde jamais à succéder aux brillantes séductions que les hommes d'initiative ou d'aventure ont fait miroiter un instant aux yeux de gens qu'aveugle une crédulité d'actionnaire. Pour un motif ou pour un autre, la combinaison inopportune avorte d'ordinaire là où théoriquement on ne saurait rien imaginer des écueils de l'entreprise ; et, parmi les exemples à l'appui de ce qui précède, il en est un qui mérite d'être cité.

XV

Il se constitua à Naples, vers 1834, une société en commandite, au capital de 2,500,000 fr., pour faire du sucre ; le *Journal des Connaissances utiles* tournait toutes les têtes aussi bien à l'étranger qu'en France.

C'était la fureur des sociétés par actions. L'établissement avait son siége à Sarno près Pompeï. Un chimiste français avait préalablement constaté la quantité de sucre susceptible d'être fournie par la betterave du pays et pas autre chose. On se met à l'œuvre. L'entraînement était tel vers cette entreprise, qui promettait 150 0/0 de dividende, que les pensionnés napolitains vendaient leurs échéances à venir pour pouvoir réaliser une somme qui leur permît de prendre part à la souscription; et les choses à cet égard allèrent si loin que le gouvernement dut y mettre un frein. L'imagination va vite chez ce peuple que réjouit toujours une joyeuse climature; elle devance tellement le jugement, qu'au lieu de tenter l'affaire avec circonspection, tout le monde voulut que l'on travaillât immédiatement sur une grande échelle; mais on n'avait pas tout pesé: si le sucre était en proportion considérable dans la betterave, le nitrate de potasse l'était aussi, et les produits de la raffinerie furent salés et sucrés à la fois.

Le mille de kilogrammes de betteraves ne coûtait à l'usine que 15 fr.

Après avoir reconnu la saveur salée du sucre, au lieu d'aller immédiatement chercher des betteraves ailleurs que dans un terrain volcanique et marin tout à la fois, qui les imprégnait de sa nature, à Salerne par exemple, où la betterave ne contenait pas de salpêtre, on voulut débarrasser le sucre de ses sels par des procédés savants, et, au bout de trois ans, les 2,500,000 fr. de la société s'étaient évanouis.

L'établissement de Sarno était toujours fermé en 1852 et improductif, par conséquent.

XVI

Nous n'avions plus rien à voir aux établissements agricoles de la plaine, tous calqués les uns sur les autres; les grands marécages, que l'on suppose exister vers les plages Pontines, sollicitaient seuls désormais notre curiosité sceptique, et nous fûmes à leur recherche comme d'autres vont encore à celle des sources du Nil. Tout ce que je puis dire de quelques passages frais, qui ne nous firent pas dévier de la ligne droite, sera loin de satisfaire au dogme classique de l'infection paludéenne et de répondre à l'idée que l'on se fait universellement de l'importance des marais de l'Agro-Romano.

Pour quiconque a contemplé cet immense horizon de roseaux baigné par les méandres danubiens, des embouchures de la Sulina et de Saint-Georges à Ismaël, les marécages de la campagne Romaine ne sont que de modestes bourbiers tout parsemés de lis et de glaïeuls là où les pieds fourchus n'ont pas défoncé le terrain ; et, s'ils n'exposent pas aux périls du sol sans consistance des tourbières et des îles flottantes des delta des grands fleuves, d'autres risques non moins réels attendent le spectateur le plus inoffensif et le plus débonnaire; nous devions en juger par nous-mêmes :

A notre dernière excursion, revenant des prairies de l'Astura, pour éviter la pénible traversée des dunes, qui nous était suffisamment connue, nous nous dirigeâmes sur la chapelle qui avoisine la tour d'Astura, en passant à quelques centaines de mètres d'un troupeau de bœufs que nous avions déjà traversé sans le moindre souci quelques heures auparavant. Ce danger de la rencontre du gros bétail de la campagne Romaine, que nous n'avions pas suffisamment redouté précédemment, nous allions le voir de près. Cheminant à travers des prés sablonneux, alternativement secs et humides, parallèlement aux bois jusqu'à la hauteur de ces bêtes à cornes si inoffensives le matin même, nous les vîmes insensiblement se rassembler en une masse compacte et nous regarder avec étonnement; après quelques minutes d'une muette contemplation, quatre ou cinq cents bœufs s'ébranlaient avec fracas, en soulevant des tourbillons de poussière qui les rendaient à peu près invisibles. C'était le tumulte d'une charge de cavalerie s'avançant à fond de train sur nous. Heureusement que nous n'étions qu'à cent cinquante pas du bois; nous y cherchons vite un refuge, et nous étions à peine dans la broussaille que le bétail cornu arrivait frémissant à la lisière où il s'arrêtait court, stupéfait de nous avoir manqués; il ne jugea pas à propos de nous suivre hors de son domaine. Quant à moi, je cherchais de tous côtés un arbre solide et de facile escalade pour y attendre l'ennemi, et je ne trouvais que des troncs noueux de quatre ou cinq pieds d'élévation au-dessus du sol, qui ne me paraissaient pas assez inaccessibles aux encornements pour que j'y grimpasse; mon compagnon, lui, pataugeait au milieu des flaques d'eau vers les points déclives où il s'était engagé, ne se préoccupant que de mettre le plus de distance possible entre lui et nos persécuteurs alors immobiles comme des statues là où commençait le territoire forestier sur lequel ils semblaient craindre de mettre le pied. Devant une pareille attitude de la gent bestiale, le calme revint à nos esprits, et la contemplation fut réciproque. Adossé à un de ces arbres mutilés, comme ils le sont tous dans ces forêts dévastées, j'armai mon fusil, et, quand M. de la Chapelle m'eut rallié, nous agitâmes la question de savoir s'il fallait tirer ou non sur l'ennemi. Il fut résolu qu'il valait mieux ne pas faire tant de bruit pour si équivoque besogne. Un coup de feu pouvait attirer sur nous les cornifères, provoquer une nouvelle chasse et amener notre blocus sur des arbres. A partir de cet instant, jusqu'à notre arrivée sur les grandes dunes, nous ne marchions plus qu'avec la plus extrême circonspection, l'œil toujours aux aguets, en avant, en arrière et sur les flancs, et l'oreille attentive aux moindres rumeurs. Le péril qui nous avait menacés méritait bien qu'on songeât un peu à ne pas le voir se reproduire. En nous éloignant des bois, sur une plage nue, au milieu des sables mouvants qui gênaient déjà assez notre marche prudente, il n'y aurait eu nulle chance de se soustraire à une poursuite comme celle que nous avions subie, et nous ne tenions nullement à ce qu'elle se renouvelât.

Une fois en vue de Nettuno, hors de toute atteinte, à l'abri de tous ces écueils de la campagne Romaine, que les bords d'une mer azurée, tout couverts de coquillages, nous parurent beaux ! Combien le soleil couchant et la vue des barques multipliées de pêcheurs, balancées sur la surface des eaux, nous réjouirent, et qu'elle fut joyeuse la rentrée à l'hôtel !

Le lendemain, nous explorions encore quelques

villas ruinées au nord-est de Porto d'Anse et les bois de la ténuta de Campo Morto, si renommés par les brigands Pontins qui en avaient fait leur rendez-vous de prédilection jadis; maintenant, s'ils ne servent plus uniquement de repaire aux larrons, qui ne les ravageaient pas au moins, ceux qui les possèdent les mutilent à outrance; les arbres s'y coupent à trois ou quatre pieds de terre; il faudrait se baisser pour mieux faire, et l'on aime aussi par là à se donner du bon temps. Les résultats d'une telle exploitation sont déplorables; qu'importe, tout se fait selon la coutume. N'est-ce pas faire acte de vénération pour ses aïeux que de les répéter scrupuleusement, sinon dans ce qu'ils faisaient de grand et de sublime, dans ce qu'ils faisaient de bête au moins! Là, comme dans toutes les forêts qui règnent d'Ostie à Astura, sur les bords de la mer, les pêcheurs, pour leurs besoins, ravagent impitoyablement les chênes-lièges en les décortiquant sans merci, seulement à hauteur d'homme, au risque de tuer tous les arbres, de détruire toutes les essences dont ils ne sauraient se passer eux-mêmes, cependant, pour l'arrangement de leurs filets. Aussi, ne serait-ce qu'à cause de toutes les mutilations que l'on rencontre à chaque pas dans ces classiques forêts, ne convient-il guère de les qualifier de vierges, à l'instar de quelques auteurs qui ne les ont visitées qu'en imagination, je le présume, surtout celles si souvent outragées qui avoisinent Nettuno plus spécialement. Ces bois des fermes de Campo Morto et de Conca, c'est la forêt autrefois nommée Gallinaire, sur le bord de la mer Tyrrhénienne, où était le repaire habituel de ces bandes de voleurs, sous les

Césars, qui infestaient alternativement le territoire de Rome, ceux de Cumes et de Baïes où les Romains avaient de si somptueuses maisons de plaisance. Ils se tenaient ainsi également à portée des diverses localités qu'ils exploitaient. Traqués dans les bois, ils pouvaient s'échapper par mer, exactement comme le font encore ceux d'aujourd'hui. Les brigands d'autrefois étaient superstitieux et dévots; ils adoraient une certaine déesse *Laverna*, qu'ils regardaient comme leur protectrice, et dont le temple se trouvait aux portes mêmes de Rome, sur la voie Salaria; Suétone, Appien, Juvénal, Strabon, Horace, Pline, Tacite en témoignent. (Dézobry. — *Rome sous les Césars*.)

Les bandits italiens participent encore aujourd'hui, comme ceux de l'épopée romaine, des côtés faibles de leurs devanciers, à cette seule différence, qu'à la divinité païenne ils ont substitué la Madone. Leur morale n'a pas sensiblement varié, et leur tactique n'a été modifiée que par la poudre à canon. Le fusil à pierre a remplacé la flèche. Encore un pas en avant, et tous ces gibiers de potence insaisissables qui vivent des étrangers, en Italie, amorceront avec le fulminate de mercure. Le progrès n'est pas impossible sur tous les points absolument.

Nous n'avions plus rien à faire dans le pays étrange et si peu exploré qui avoisine Porto d'Anse; une voiture dut nous ramener à Rome, en compagnie d'un capitaine romain septuagénaire, commandant de l'artillerie de Porto d'Anse, vert encore, qui avait servi la France sous le premier Empire, et qui profita de la circonstance de deux auditeurs gaulois pour raconter ses vieilles prouesses dans les légions de l'un de nos derniers Brennus. Un employé éminent de la douane, obèse et poussif, l'accompagnait. Celui-ci n'ouvrit la bouche qu'à la locanda isolée sous Albano où nous déjeunâmes, et pour dévorer des comestibles de toutes sortes.

De Porto d'Anse au pied des monts Albains, on est presque toujours au milieu de bois exploités ou plutôt dévastés comme ceux où nous avions trouvé un refuge contre les bœufs de Conca. Partout la noix de galle abonde et l'on y fabrique du charbon pour Naples et pour Rome. A partir du pied des montagnes on est en pleine campagne romaine ; on passe les aqueducs, et neuf heures après être sorti de Porto d'Anse, on arrive au chef-lieu du monde chrétien ; le trajet a duré presque le même laps de temps que met la malle des Indes à aller de Marseille à Paris ; ce n'est que quand les chemins ont été défoncés par les pluies, ou lorsque les coupeurs de route en gênent la liberté que l'on reste davantage en voyage, ou bien encore si le véhicule casse : ces trois sortes d'accidents ne sont pas si rares que l'on ne doive s'y attendre parfois.

www.ingramcontent.com/pod-product-compliance
Ingram Content Group UK Ltd.
Pitfield, Milton Keynes, MK11 3LW, UK
UKHW021550260726
13993UKWH00002B/740